高等学校人工智能专业精品教材·高级人工智能人才培养丛书

TensorFlow 程序设计

丛书主编：刘　鹏
主　编：马　斌　冯　岭
副主编：杨俊成　菅朋朋

电子工业出版社·

Publishing House of Electronics Industry

北京·BEIJING

内 容 简 介

本书全面介绍 TensorFlow 2.x 框架及其在深度学习中的应用，内容包括 TensorFlow 简介、Python 语言基础、环境搭建与入门、TensorBoard 可视化、多层感知机实现、卷积神经网络实现、循环神经网络实现、强化学习、迁移学习、生成对抗网络和 GPU 并行计算等。

本书不仅适合深度学习领域的初学者阅读，也适合有一定基础的读者深入学习。通过本书的学习，读者能够掌握 TensorFlow 2.x 框架的核心技术和应用方法，从而为研究和应用深度学习技术打下坚实的基础。

图书在版编目（CIP）数据

TensorFlow程序设计 / 马斌，冯岭主编. -- 北京 ：
电子工业出版社，2024. 9. --（高级人工智能人才培养
丛书）. -- ISBN 978-7-121-48666-1

Ⅰ. TP183；TP311.1

中国国家版本馆CIP数据核字第2024HW6079号

责任编辑：米俊萍
印　　刷：三河市君旺印务有限公司
装　　订：三河市君旺印务有限公司
出版发行：电子工业出版社
　　　　　北京市海淀区万寿路 173 信箱　　邮编：100036
开　　本：787×1 092　1/16　印张：12　　字数：277 千字
版　　次：2024 年 9 月第 1 版
印　　次：2024 年 9 月第 1 次印刷
定　　价：60.00 元

凡所购买电子工业出版社图书有缺损问题，请向购买书店调换。若书店售缺，请与本社发行部联系，联系及邮购电话：（010）88254888，88258888。

质量投诉请发邮件至 zlts@phei.com.cn，盗版侵权举报请发邮件至 dbqq@phei.com.cn。

本书咨询联系方式：mijp@phei.com.cn，（010）88254759。

编 写 组

丛书主编：刘　鹏

主　　编：马　斌　冯　岭

副 主 编：杨俊成　菅朋朋

编　　委：白文江　姜　维　刘　河　宋志恒

总　序

　　各行各业不断涌现人工智能应用，资本大量涌入人工智能领域，互联网企业争抢人工智能人才……人工智能正迎来发展"黄金期"。但放眼全球，人工智能人才，特别是高端人才，缺口依然较大。

　　为抢抓人工智能发展的重大战略机遇，构筑我国人工智能发展的先发优势，加快建设创新型国家和世界科技强国，2017 年，国务院发布《新一代人工智能发展规划》，要求加快培养聚集人工智能高端人才，完善人工智能领域学科布局，设立人工智能专业，从而助力我国人工智能理论、技术与应用水平在 2030 年总体达到世界领先水平，使我国成为世界主要人工智能创新中心。2018 年，教育部印发《高等学校人工智能创新行动计划》，要求"对照国家和区域产业需求布点人工智能相关专业""加大人工智能领域人才培养力度"。

　　在国家政策支持及人工智能发展的大环境下，全国高校纷纷发力，设立人工智能专业，成立人工智能学院。根据教育部公布的数据，2019 年，全国共有 35 所高校获得建设"人工智能"本科新专业的资格，同时全国新设 96 个"智能科学与技术"专业，累计 187 所院校获批"机器人工程"专业。2020 年年初，经教育部批准，拥有"人工智能"本科专业的高校新增了 180 所，占全国新增专业的 10.77%，排名第一。2021 年，全国又有 95 所高校新增备案"人工智能"专业。人工智能已成为国家和高等院校重点关注、着力发展的重要领域。

　　然而，在人工智能人才培养和人工智能课程建设方面，大部分院校仍处于起步阶段，需要探索的问题还有很多。例如，人工智能作为新专业，尚未形成系统的人工智能人才培养课程体系及高水平的教学实验实习体系；同时，人工智能教材有待更新，以紧跟技术发展；再者，过多强调理论学习，以及实践应用的缺失，使人工智能人才培养面临新困境。

　　人工智能作为注重实践性的综合性学科，对相应人才培养提出了易学性、实战性和系统性的要求。"高级人工智能人才培养丛书"以此为出发点，尤其强调人工智能内容的易学性及对读者动手能力的培养，并配套丰富的课程资源，解决易学性、实战性和系统性方面的难题。

　　易学性：能看得懂、学得会的书才是好书，本丛书在内容、描述、讲解等方面始终从读者的角度出发，紧贴读者关心的热点问题及行业发展前沿，注重知识体系的完整性及内容的易学性，赋予人工智能名词与术语以生命力，让人工智能教育更简单易行。

实战性：与单纯的理论讲解不同，本丛书由国内一线师资和具备丰富人工智能实战经验的团队携手倾力完成，不仅内容贴近实际应用需求，具有高度的行业敏感性，同时几乎每章都配套了实战实验，使读者能够在理论学习的基础上，通过实验进一步巩固提高。云创大数据使用本丛书介绍的一些技术，已经在模糊人脸识别、超大规模人脸比对、模糊车牌识别、智能医疗、城市整体交通智能优化、空气污染智能预测等应用场景取得了突破性进展。特别是在 2020 年年初，笔者受邀率云创大数据的同事加入了钟南山院士的团队，我们使用大数据和人工智能技术对新冠肺炎疫情的发展趋势做出了不同于国际预测的准确预测，为国家的正确决策起到了支持作用，并发表了高水平论文。

系统性：本丛书配套免费教学 PPT，无论是教师、学生，还是其他读者，都能通过教学 PPT 更为清晰、直观地了解或展示图书内容。与此同时，云创大数据研发了配套的人工智能实验平台，以及基于人工智能的专业教学平台，实验内容和教学内容与本丛书完全对应。

本丛书非常适合作为"人工智能"和"智能科学与技术"专业的系列教材，也适合作为"智能制造工程""机器人工程""智能建造""智能医学工程"专业的选用教材。

在此，特别感谢我的硕士生导师谢希仁教授和博士生导师李三立院士。谢希仁教授所著的《计算机网络》已经更新到第 8 版，与时俱进且日臻完善，时时提醒学生要以这样的标准来写书。李三立院士为我国计算机事业做出了杰出贡献，曾任国家攀登计划项目首席科学家。他严谨治学，带出了一大批杰出的学生。

本丛书是集体智慧的结晶，在此谨向付出辛勤劳动的各位作者致敬！书中难免会有不当之处，请读者不吝赐教。联系邮箱：gloud@126.com。

你可以透过我的眼，去看懂科技、把握未来！

刘　鹏

前　言

在信息时代的浪潮中，人工智能已成为引领技术革命的重要力量。从自动驾驶到智能医疗，从智能客服到金融风控，人工智能的身影无处不在，它正以前所未有的速度改变着现代世界。而在这波澜壮阔的人工智能发展大潮中，深度学习技术以其强大的数据处理能力和卓越的学习效果，成了人工智能领域的热点。

深度学习的起源可以追溯到 20 世纪 40 年代的人工神经网络研究。然而，直到近年来，随着计算能力的提升和大数据的出现，深度学习才真正迎来了发展的黄金时期。它通过模拟人类神经元的连接和交互方式，实现了对复杂数据的自动学习和特征提取，从而在多个领域取得了突破性进展。尤其是在图像识别、语音识别和自然语言处理等领域，深度学习技术的性能已经超越了传统方法，展现出了巨大的应用潜力。

然而，深度学习的强大能力也带来了技术门槛的提升。如何有效地构建、训练和优化深度学习模型，成了摆在广大研究者和技术人员面前的难题。为了解决这一问题，谷歌开源了 TensorFlow 这一强大的深度学习框架。TensorFlow 以其灵活的架构、高效的性能和丰富的工具库，成了全球范围内很流行的深度学习框架之一。它不仅为研究者提供了便捷的开发环境，还为工业界的应用提供了坚实的技术支持。

正是在这样的背景下，我们编写了这本《TensorFlow 程序设计》，以期能够为广大读者提供一份全面且深入的 TensorFlow 学习指南，帮助读者快速掌握深度学习的核心技术和 TensorFlow 的使用方法。在本书的编写过程中，我们始终秉持以下三个核心原则，以确保读者能够从中受益。

（1）系统性的知识架构。本书在内容的组织和安排上，力求构建一个完整、系统的知识体系。从深度学习的基础知识，到 TensorFlow 框架的详细解读，再到案例的分析与实践，我们努力使每个章节都紧密相连，形成一个有机的整体。

（2）理论与实践并重。本书不仅深入浅出地阐述了深度学习的基础理论和算法精髓，更通过一系列案例，将理论知识与实际操作相结合。这些案例旨在让读者在亲自动手的过程中，深化对理论知识的理解，并掌在实际应用中灵活运用。

（3）坚持实用性和可操作性。在内容的编排和呈现上，我们力求避免过于复杂的理论和公式推导，而是注重内容的实用性和可操作性。我们希望通过简洁明了的语言和直观易懂的示例，让读者能够轻松上手，快速掌握 TensorFlow 的使用方法，从而在实际项目中发挥深度学习技术的巨大潜力。

总体而言，本书是一本面向广大深度学习爱好者和开发者的实用教程，它旨在帮助读者快速掌握 TensorFlow 的使用方法和深度学习的核心技术。希望本书能够成为读者在学习和应用深度学习技术道路上的良师益友，与读者共同迎接 AI 时代的挑战和机遇。

编　者

2024 年 8 月

目 录

第 1 章　TensorFlow 简介

随着人工智能技术的蓬勃发展，人工智能的相关产品已经应用到交通、教育、安防等各个领域。人工智能的核心是机器学习。在机器学习中，以多层感知机、卷积神经网络、循环神经网络为代表的深度学习技术是目前实现人工智能技术的主要手段，也是人工智能领域的研究热点。为了实现各种人工智能项目的开发和应用，国内外企业和研究组织纷纷开发了各种深度学习框架，主要包括 TensorFlow、PaddlePaddle、Caffe、Theano、MXNet、Torch 和 PyTorch 等。其中，应用最广泛的是由谷歌公司开发的 TensorFlow 深度学习框架，该框架以快速的搭建流程和广泛的应用场景等特点吸引了大批的学者、开发人员使用。本章将对人工智能的编程框架，TensorFlow 的数据模型、计算模型、运行模型等进行介绍，以期望读者对 TensorFlow 的特性和基本使用方法有大致的了解。

1.1　人工智能的编程框架

1.1.1　人工智能的发展

近年来，随着人工智能技术的不断发展，人工智能正影响着科技进步、产业变革、经济发展，交通、教育、医疗、安防等领域都有人工智能技术的影子，自动驾驶、人脸识别、语音识别等人工智能技术都在深深地影响着人们的日常生活。2017 年 5 月，谷歌公司开发的 AlphaGo 在中国乌镇围棋峰会上与排名世界第一的世界围棋冠军柯洁进行了三场人机对弈，并以 3:0 的成绩取得了人机大战的压倒性胜利。这一事件标志着人类社会已经正式进入了人工智能时代。

人工智能是研究、开发用于模拟、延伸和扩展人的智能的理论、方法、技术及应用系统的一门新的技术科学。它是计算机科学的一个分支，企图通过了解智能的实质，生产一种新的能以与人类智能相似的方式做出反应的智能机器。人工智能的研究领域包括图像识别、自然语言处理、语音识别、机器人等方面。

图像识别是人工智能的一个重要领域，是指利用计算机对图像进行处理、分析和理解，以识别各种不同模式的目标和对象的技术。图像识别技术在公共安全、生物、工业、农业、交通、医疗等很多领域都有应用，如交通领域的车牌识别系统、安防领域的人脸识别和指纹识别技术、食品领域的食品质量检测技术、医学领域的基于 CT 图像的疾病检测技术等。随着人工智能技术的不断发展，图像识别的算法也在不断地改进。鉴于图像是人类获取和交换信息的主要来源，图像识别将是未来人工智能领域的研究重点。

自然语言处理是一门融语言学、计算机科学、数学于一体的科学，它主要研究能实现人与计算机之间用自然语言进行有效通信的各种理论和方法，其主要目标是弥补自然语言与机器语言之间的差距，实现人与计算机的无限制交流，最终使计算机在理解自然语言上像人类一样智能。自然语言处理是人工智能的又一个重要方向，它的主要应用包括信息提取、机器翻译、垃圾邮件、文本情感分析、自动问答等。自然语言处理的发展将使人工智能可以逐渐面对更加复杂的情况，解决更多的问题，必将带来一个更加智能化的时代。

语音识别技术的目标是将人类语音中的词汇转换为计算机可读的输入，如按键、二进制编码或者字符序列。语音识别技术的应用包括语音拨号、语音导航、室内设备控制、语音文档检索、简单的听写数据录入等。语音识别技术与其他自然语言处理技术，如机器翻译及语音合成技术相结合，可以构建出更加复杂的应用，如语音翻译、信号处理和模式识别等。

机器人则是可代替或协助人类完成各种工作的智能体，大多枯燥、危险、有毒或有害的工作，都可由机器人代替人类完成。机器人除了广泛应用于制造业领域，还应用于资源勘探开发、救灾排险、医疗服务、家庭娱乐、军事和航天等其他领域。机器人是我国未来产业的重点发展方向。《"十四五"机器人产业发展规划》提出，"到 2025 年，我国成为全球机器人技术创新策源地、高端制造集聚地和集成应用新高地"，"到 2035 年，我国机器人产业综合实力达到国际领先水平，机器人成为经济发展、人民生活、社会治理的重要组成"。

1.1.2 人工智能、机器学习和深度学习之间的关系

人工智能是研究、开发用于模拟、延伸和扩展人的智能的理论、方法、技术及应用系统的一门新的技术科学，人工智能的核心是机器学习。在维基百科中，机器学习有以下几种定义。

- 机器学习是一门人工智能的科学，该领域的主要研究对象是人工智能，特别是如何在经验学习中改善具体算法的性能。
- 机器学习是对能通过经验自动改进的计算机算法的研究。
- 机器学习指用数据或以往的经验来优化计算机程序的性能。

机器学习一般可以分为监督学习、无监督学习、强化学习三类，其常见算法包括决策树、朴素贝叶斯、支持向量机、随机森林、神经网络和 Boosting。机器学习是使计算机具有智能的根本途径，其应用遍及人工智能的各个领域。

深度学习是机器学习领域一个新的研究方向，是一种实现机器学习的技术。深度学习的概念源于人工神经网络的研究，是利用深度神经网络来解决特征表达的一种学习过程。深度学习的概念与浅层学习相对。传统的机器学习方法一般采用浅层结构的算法，存在一定的局限性，如表示复杂函数的能力有限，对复杂问题求解时的泛化能力受到一定的制约。而深度学习可通过学习一种深层非线性网络结构来实现复杂函数逼近，表征输入数据的分布式表示，学习数据集的本质特征。

深度神经网络本身并非一个全新的概念，可理解为包含多个隐藏层的神经网络结构。由于深度学习模型中包含更多的隐藏层，模型中神经元连接权重、阈值等参数也更多，

深度学习模型可以通过组合底层特征形成更加抽象的高层来表示数据的属性类别和特征，更好地实现数据的分布式特征表示，从而获得更好的模型训练效果。

综上所述，人工智能的核心是机器学习，而深度学习则是机器学习中一个新的研究方向，三者之间的关系如图 1-1 所示。深度学习与传统机器学习相比，采用了更为复杂的深度神经网络，是机器学习领域的一个分支。

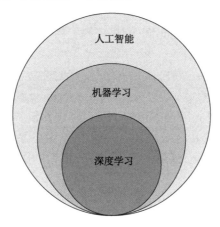

图 1-1　人工智能、机器学习与深度学习之间的关系

1.2　TensorFlow 与人工智能

深度学习已经成为当前的一个研究热点，普遍应用于教育、安防、医疗等各个方面。要想采用深度学习进行项目开发和实现，选择一个合适的框架非常重要。当前，国内外企业和研究组织已经开发了各种深度学习框架以用于深度学习相关项目的构建，如 TensorFlow、PaddlePaddle、Caffe、Theano、MXNet、Torch 和 PyTorch 等，其中使用最广泛的就是 TensorFlow。

TensorFlow 的前身是由谷歌公司开发的 DistBelief，其用于构建各尺度下的神经网络分布式学习和交互系统。2015 年 11 月，在 DistBelief 的基础上，谷歌大脑发布了 TensorFlow 的最初版本，并对 TensorFlow 的代码进行开源。此后，TensorFlow 快速发展，经历了多个版本的更迭。2019 年 3 月，TensorFlow 2.0 Alpha 版本发布，标志着 TensorFlow 正式进入 2.0 时代。

TensorFlow 是一个端到端的开源机器学习平台。它拥有一个包含各种工具、库和社区资源的全面灵活的生态系统，不仅可以帮助研究人员开展机器学习领域先进技术的探索，还可以帮助开发者轻松地构建和部署由机器学习提供支持的应用。总的来说，TensorFlow 具有以下几大特性。

（1）高度的灵活性。TensorFlow 提供多个抽象级别的 API，用于深度学习模型的构建，用户可以根据自己的需求选择合适的级别。高阶 Keras API 可以帮助用户快速地构建和训练模型，轻松实现深度学习应用。如果用户需要更高的灵活性，则可以借助 Eager Execution 进行快速迭代和直观的调试。对于大型的机器学习训练任务，用户还可以使用 Distribution Strategy API 在不同的硬件配置上进行分布式训练。

（2）真正的可移植性（Portability）。TensorFlow 具有真正的可移植性，可以在 CPU 和 GPU 上运行，支持 Linux、Windows、MacOS、Android、iOS 等多种操作系统。同时，TensorFlow 提供了直接的生产途径。不管是在台式计算机、笔记本电脑、手持移动设备、服务器上，还是在网络上，TensorFlow 都可以帮助用户轻松地训练和部署模型。

（3）提供多语言支持。TensorFlow 可以提供多种编程开发语言的支持，包括 C++、Python、Go、Java、Lua、JavaScript 和 R 语言等。用户可以根据自己的偏好，选择最喜欢的语言来进行项目的部署和开发。

（4）良好的性能优化。TensorFlow 提供了良好的性能优化方案和工具，支持线程、队列、异步操作等性能优化操作。用户可以将 TensorFlow 图中的计算元素分配到不同设备上，并通过 TensorFlow 进行管理和运行，从而将硬件设备的计算潜能全部发挥出来。

此外，TensorFlow 还支持强大的附加库和模型生态系统，包括 Ragged Tensors、TensorFlow Probability、Tensor2Tensor 和 BERT，以帮助用户开展研究和项目构建。

1.3　TensorFlow 数据模型

TensorFlow 的命名源于其运行原理："Tensor"的本义是"张量"，我们可以简单地把它理解为多维数组，它表明了在 TensorFlow 框架中所使用的数据结构；而"Flow"的本义是"流"，它表示在 TensorFlow 中会进行端到端的数据流动。由此可知，TensorFlow 的运行过程可以看作张量之间通过计算相互转化的过程。

作为 TensorFlow 中数据的表示形式，张量是一个定义在一些向量空间和一些对偶空间的笛卡儿积上的多重线性映射。我们可以把任意的 N 阶张量简单地理解为 N 维数组，如零阶张量为标量，一阶张量为向量，二阶张量则为矩阵。但实际上，张量只是对 TensorFlow 中运算结果的引用，在张量中并没有保存具体的数值，保存的只是如何得到这些数字的计算过程。

我们通过以下代码对张量的构造和属性进行说明：

```
import TensorFlow as tf
g = tf.Graph()
with g.as_default():
    a=tf.constant([[2.0,3.0]],dtype='float',name='a')
    b=tf.constant([[1.0,4.0]],dtype='float',name='b')
c=tf.add(a,b)
#打印 c
print(c)
```

运行以上代码，可以得到打印的结果：

$$Tensor("Add:0", shape=(1, 2), dtype=float32)$$

从打印结果可以看出，每个张量主要包含三个属性：名字（name）、维度（shape）和数据类型（dtype）。

（1）名字。名字是张量在计算图中的唯一标识。计算图上的每个节点都代表了一个计算，计算的结果又保存在张量中，因此张量和计算图中的节点是一一对应的，而名字给出了每个张量在计算图中对应节点的命名。节点的名字通过"name:src_output"的形式给出。其中，name 表示节点的名称；src_output 表示当前张量来自节点的第几个输出。上述打印结果中的"Add:0"表示张量是节点"Add"输出的第一个结果（结果编号从 0 开始）。

（2）维度。维度给出了一个张量的维度信息。上述打印结果中的 shape=(1, 2)，说明计算结果是一个 1×2 大小的矩阵。

（3）数据类型。数据类型描述了张量的数据类型，每个张量都会有唯一的数据类型。上述打印结果中的 dtype=float32，表示计算结果矩阵中的数值是 32 位浮点型。TensorFlow 会对参与运算的所有张量进行类型检查，当发现类型不匹配时会报错。

1.4　TensorFlow 计算模型和运行模型

在 TensorFlow 中，定义计算操作的过程通过计算图的构建来完成。计算图也叫数据流图，它是用来描述 TensorFlow 中要进行的数学计算操作的有向图。计算图包含两种基本的要素："节点"（Node）和"边"（Edge）。其中，节点一般表示对数据施加的数学操作（有时也可以表示数据输入的起点/输出的终点，或者读取/写入持久变量的终点）；边则表示在节点间相互联系的多维数据数组，即张量。图 1-2 展示了通过 TensorBoard 画的一个计算图的例子。

图 1-2　乘法计算操作的计算图示例

在该计算图中，包含 a、b 和 MatMul 三个节点。其中 a 和 b 是两个常量，表示数据输入的起点，而 MatMul 表示对 a 和 b 施加的乘法操作；计算图中存在 1 条从 a 到 MatMul 的边和 1 条从 b 到 MatMul 的边，表示 MatMul 操作依赖读取 a 和 b 的值。在 TensorFlow 中，任何程序都可以通过类似的计算图的形式来表示。

目前，TensorFlow 有三种计算图的构建方式：静态计算图、动态计算图及使用 Autograph 构建计算图。我们以图 1-2 中的计算图构建为例，分别对三种计算图的构建方式进行说明。

1. 静态计算图

TensorFlow 1.0 的各种版本主要采用静态计算图的构建方式。在这种构建方式中，TensorFlow 程序被组织成一个构建阶段和一个执行阶段。构建阶段用来定义 TensorFlow 中将要进行的所有计算操作，执行阶段则根据输入的数据执行之前定义的所有计算操作。当计算图构建完成后，所有的运算并不会立即执行，而是在开启会话（Session）后，所有的计算才开始执行。

静态计算图这种构建方式通过 tf.graph 类建立一个新的计算图，并在新的计算图中构建节点和边。利用这种方式进行图 1-2 中的计算图构建的代码如下：

```
#加载 TensorFlow 模型
import TensorFlow as tf
#创建新的计算图 g
g = tf.Graph()
with g.as_default():#将 g 作为默认计算图
    #在 g 中创建一个常量 a，产生一个 1*2 矩阵
    a=tf.constant([[2.0,3.0]],dtype='float',name='a')
    #在 g 中创建另一个常量 b，产生一个 2*1 矩阵
    b=tf.constant([[1.0],[4.0]],dtype='float',name='b')
    #创建一个矩阵乘法 MatMul 操作，把 'a' 和 'b' 作为输入
    #返回值 y 代表矩阵乘法的结果
    y=tf.matmul(a,b)
```

经过以上代码，我们已经完成了图 1-2 中的计算图的构建。构建的计算图 g 中现在有三个节点：两个常量类型的输入节点 a 和 b，以及一个乘法操作类型的节点 MatMul。可以通过以下代码查看节点 a 是否在构建的静态计算图中：

```
#判断常量 a 是否属于计算图 g
print(a.graph is g)
```

可知，打印的结果为 True。

此时，打印 y 的值：

```
#打印 y
print(y)
```

得到的打印结果：

$$Tensor("MatMul:0", shape=(1, 1), dtype=float32)$$

可以看到，在上述代码中，尽管我们已经定义了 TensorFlow 中将要进行的所有计算操作，但具体的操作运算并未开始执行，即当前张量 y 中并没有保存具体的数值，而只是保存了如何得到 y 的计算操作。要想得到 y 的具体数值，还需要在执行阶段通过会话来实现。

TensorFlow 中的会话是来执行定义好的运算的。在静态计算图的构建模型中，会话拥有并管理 TensorFlow 程序运行时的所有资源，可以在一台或多台机器上进行资源的分配并保存中间结果和变量的实际值，所有的实际计算都必须在会话中进行。而当所有计算都完成之后，必须及时关闭会话来进行系统资源的回收，否则就可能出现资源泄露的问题。

在 TensorFlow 中，一般采用下列两种方式来使用会话：第一种方式，采用会话生成函数和关闭函数来创建及关闭会话；第二种方式，采用 Python 中的上下文管理器来使用会话。

以图 1-2 中的计算图为例，通过上述代码，TensorFlow 已经完成了矩阵 a 和 b 相乘的计算图的构建，但还未进行 y 的具体数值的计算。为了真正执行 a 和 b 的矩阵相乘运算，并得到矩阵乘法的结果，必须在会话里启动定义好的计算图以完成 y 值的计算。

根据第一种使用会话的方式，计算 y 值的代码如下：

```
import TensorFlow as tf
#创建会话
sess = tf.Session()
#使用这个创建好的会话来计算 y 的最终结果，并打印
print(sess.run(y))
#关闭会话，释放会话中使用的所有系统资源
sess.close()
```

这种方式通过 tf.Session()和 Session.close()函数来关闭会话，但缺点是，在程序因意外退出时，关闭会话的函数可能不会被执行，从而导致系统资源的外泄。

我们也可以采用第二种使用会话方式来完成 y 值的计算，代码如下：

```
import TensorFlow as tf
#创建会话，并通过 Python 上下文管理器来管理这个会话
with tf.Session() as sess:
#在会话中计算 y 的最终结果，并打印 y 的计算结果
print( sess.run(y))
```

这种方式不需要再调用 Session.close()函数来关闭会话。当上下文退出时，会话关闭和资源释放也自动完成，从而避免了系统资源的泄露，因此这种方式更为常用。

TensorFlow 中也存在一种默认会话的机制，用户可以手动地将某个会话指定为默认会话。在默认会话中，计算一个张量的取值可以通过 tf.Tensor.eval()函数实现。以下给出了通过设定默认会话来计算张量 y 值的代码：

```
import TensorFlow as tf
sess = tf.Session()
#将 sess 指定为默认会话
with sess.as_default():
    print(y.eval())
```

在交互环境下（如 IPython 或者 Jupyter 的编辑器下），通过设置默认会话的方式来获取张量的值更加方便。因此，TensorFlow 提供了一种在交互环境下直接构建默认会话的函数 tf.InteractiveSession()。通过该函数可以将生成的会话自动地指定为默认会话，从而避免了人为的指定过程。以下给出了交互环境下采用 tf.InteractiveSession()函数计算 y 值的代码：

```
import TensorFlow as tf
sess=tf.InteractiveSession()
print(y.eval())
sess.close()
```

2. 动态计算图

不同于静态计算图的构建方式中 TensorFlow 程序被组织成一个构建阶段和一个执行阶段，在动态计算图的构建方式中，每进行一个计算操作后，该操作会动态地加入默认的计算图中，立即执行并得到结果，而无须再开启会话进行操作运算。这种立即执行操作计算的方式被称为 Eager 模式。Eager 模式在 TensorFlow 1.0 的各版本中已经可以通过以下代码进行初步使用：

```
import TensorFlow.contrib.eager as tfe
tfe.enable_eager_execution()
```

TensorFlow 2.0 的版本中，为了使用户更方便地使用 TensorFlow，将 Eager 模式作为默认的计算图构建模式。在 Eager 模式下，所有的计算操作会动态地加入默认的计算图中，并立即执行。通过该方式进行计算图的构建和执行的代码如下：

```
#加载 TensorFlow 模型
import TensorFlow as tf
#创建一个常量 a，产生一个 1*2 矩阵，在计算图中表示为一个节点
#将 a 自动加入默认的计算图中
#构造器的返回值代表该常量 a 的返回值
a=tf.constant([[2.0,3.0]],dtype='float',name='a')
#创建另一个常量 b，产生一个 2*1 矩阵
b=tf.constant([[1.0],[4.0]],dtype='float',name='b')
#创建一个矩阵乘法 MatMul 操作，把 'a' 和 'b' 作为输入
#返回值 y 代表矩阵乘法的结果
y=tf.matmul(a,b)
```

可以通过以下代码查看节点 a 是否在默认计算图中：

```
#判断常量 a 是否属于默认计算图
print(a.graph is tf.get_default_graph())
```

可知，打印的结果为 True。

此时，打印 y 的值：

```
#打印 y
print(y)
```

得到的打印结果：

$$\text{tf.Tensor([[14.]], shape=(1, 1), dtype=float32)}$$

可知，y 的值已经计算出来了。

3. 使用 Autograph 构建计算图

与静态计算图的构建方式相比，动态计算图的方式更为方便，目前也更为常用。但由于 TensorFlow 以 C++为底层的构建语言，使用动态计算图会有许多次 Python 进程和 TensorFlow 的 C++进程之间的通信，而静态计算图则在构建完成后几乎全部在 TensorFlow 内核上采用 C++代码执行，因此动态计算图比静态计算图的运行效率稍低。此外，静态计算图也会对计算步骤进行一定的优化，这也是静态计算图的运行效率更高的一个原因。

为了使 TensorFlow 程序既能够像动态计算图一样被用户较为方便地使用，又具有较高的运行效率，可以用@tf.function 装饰器将普通 Python 函数转换成与 TensorFlow 1.0 对应的静态计算图构建代码。类似于使用静态计算图，TensorFlow 程序的实现分为定义计算图和在会话中执行计算图两个步骤。在 TensorFlow 2.0 中，如果采用 Autograph 的方式使用计算图，则包括定义函数（类似于定义计算图）和调用函数（类似于执行计算图）两个步骤。

通过这种方式进行计算图的构建和执行的代码如下：

```
import TensorFlow as tf
#使用 autograph 构建静态图
@tf.function
def matmul(a, b):
y=tf.matmul(a,b)
   return y
#调用函数进行 y 值计算
a=tf.constant([[2.0,3.0]],dtype='float',name='a')
b=tf.constant([[1.0],[4.0]],dtype='float',name='b')
y=def matmul(a, b)
print(y)
```

此时，打印 y 的值：

```
#打印 y
print(y)
```

得到的打印结果：

$$tf.Tensor([[14.]], shape=(1, 1), dtype=float32)$$

1.5　实验：矩阵运算

该实验的主要内容是在 TensorFlow 中实现(a+b)*c 的值的计算。其中，a、b 均为 1×2 的矩阵常量，且 a=[2.1,3.5]，b=[2.2,1.7]；c 为 2×1 的矩阵常量，且 $c = \begin{bmatrix} 3.0 \\ 5.1 \end{bmatrix}$。

1.5.1　实验目的

（1）了解 TensorFlow 的数据模型、计算模型和运行模型。
（2）掌握计算图、张量的基本使用方法。
（3）在 TensorFlow 中用代码实现 (a+b)*c 的计算。
（4）运行程序，看到结果。

1.5.2　实验要求

本次实验后，要求学生能：
（1）了解 TensorFlow 的数据模型、计算模型和运行模型。
（2）掌握计算图、张量的基本使用方法。
（3）能够用代码在 TensorFlow 中实现基本运算。

1.5.3　实验原理

计算图的构建方式主要包括静态计算图和动态计算图。在静态计算图中，
TensorFlow 程序通常被组织成一个构建阶段和一个执行阶段。构建阶段通过构建计算图
来定义 TensorFlow 程序中将要进行的所有计算操作；执行阶段则在会话中启动计算图，
并执行之前定义的所有计算操作。在动态计算图的构建方式中，每进行一个计算操作后，

该操作会动态地加入默认的计算图中，立即执行并得到结果，而无须再开启会话进行操作运算。鉴于 TensorFlow 2.0 中已经采用动态计算图作为默认的计算图构建方式，在本实验中，我们也采用动态计算图来完成矩阵的运算。

1.5.4　实验步骤

本实验的实验环境为 TensorFlow 2.0+Python 3.6。

为了实现(a+b)*c 的计算，我们需要定义(a+b)*c 的计算图。在该计算图中，应包含 a、b、c 三个矩阵常量的节点和 "+" "c" 两个计算操作节点，定义的所有节点将自动地加入计算图中，并立即完成运算。其实现代码如下：

```
import TensorFlow as tf
#这里采用默认计算图
#创建一个常量a，a 将自动加入默认的计算图中
#由于 "2.1" "3.5" 为浮点型，因此 dtype='float'
a=tf.constant([[2.1,3.5]],dtype='float',name='a')
#创建一个常量b
b=tf.constant([[2.2,1.7]],dtype='float',name='b')
#创建一个常量c
c= tf.constant([[3.0],[5.1]],dtype='float',name='c')
#定义(a+b)*c 的操作运算
result=tf.matmul(tf.add(a,b), c)
print(result)
```

通过以上代码可以完成计算图的创建和矩阵的运算。打印 result 的值，可以看到输出结果：

$$tf.Tensor([[39.42]], shape=(1, 1), dtype=float32)$$

习题

1.1　简述机器学习与深度学习的异同。

1.2　简述 TensorFlow 的特性。

1.3　画出实现(a+b)*c/d 的计算图。

第 2 章 Python 语言基础

Python 是一种面向对象的解释性高级编程语言，具有平台无关性、可移植性、强制可读性及强大的语言生态支持等优点。近年来，由于大数据与人工智能领域的兴起，Python 越来越受社区的关注，成为大数据与人工智能领域重要的编程语言。学好 Python 语言是进行人工智能领域开发的重要前提。Python 发展到今天，3.x 版本成为 Python 语言的主流。本章将简单介绍 Python 语言的发展与 Python 安装、基础语法、数据结构、面向对象特性及其他高级特性等知识，为后续 TensorFlow 的学习做好编程语言的准备。

2.1 Python 语言

2.1.1 Python 语言的发展

1989 年，荷兰人 Guido van Rossum 为打发圣诞节前后的假期时间开发了一种新的脚本解释性程序。因为他喜欢一部英剧 *Monty Python's Flying Circuits*，所以该脚本语言被称为 Python。

Python 语言是完全构建于开源项目之上的，它的解释器全部开源在其官方网站。因为 Python 的开源特性，其社区非常活跃，为 Python 构建了强大的生态环境。Python 语言通常分为 2.x 与 3.x 两种版本，3.x 版本是对 2.x 版本的升级，3.x 版本无法兼容 2.x 版本。现在 2.x 版本通常是之前遗留的程序，新项目均用 3.x 版本。"Python 2.x 已经是遗产，Python 3.x 是这个语言的现在和未来"，这是现在 Python 社区的共识。本书后续如不加说明，使用的都是 Python 的 3.x 版本。

Python 作为一种高级脚本编程语言，有其自身特点，具体如下。

（1）语法简洁。Python 语言相比其他高级语言实现相同功能需要更少的代码。

（2）高级解释性语言。Python 语言是使用解释器逐句解释执行的，且无须关注内存管理等底层细节。

（3）平台无关性与可移植性。编译性语言如 C 语言需要编译为对应操作系统上可执行的二进制代码，然后从硬盘复制到内存执行，因此具有平台依赖性。而 Python 在每个操作系统中不需要编译为二进制文件，都是解释执行，因此具有平台无关性，且具有良好的可移植性。

（4）面向过程与面向对象。Python 语言既可以支持面向过程的编程，使用过程或可重用的函数完成所需功能，也可以使用面向对象编程的范式，借助对象完成程序功能的构建。

（5）丰富的生态环境。Python 语言拥有活跃且庞大的开源社区，世界各地的程序员贡献了十几万个第三方函数库，几乎涵盖了计算机领域的方方面面。这些第三方函数库使开发者避免了大量的基础工作，这也是 Python 语言深受欢迎的重要原因。

2.1.2 Python 安装

Python 具有良好的平台无关性与可移植性，因此它在各个操作系统上都有相应的解释器版本。本节介绍在不同操作系统上安装 Python 的方法。

1. Unix & Linux 操作系统安装 Python

打开浏览器访问 Python 官网，选择适用于 Unix/Linux 的源码压缩包，如图 2-1 所示。

图 2-1　Unix/Linux 操作系统选择下载文件

下载及解压压缩包。执行以上操作后，Python 会安装在/usr/local/bin 目录中，Python 库安装在 /usr/local/lib/pythonXX 位置，XX 为你使用的 Python 的版本号。

2. Windows 操作系统安装 Python

打开浏览器访问 Python 官网，在下载列表中选择 Windows 平台安装包，包格式为 python-XYZ.exe 文件，XYZ 为安装的版本号，如图 2-2 所示。

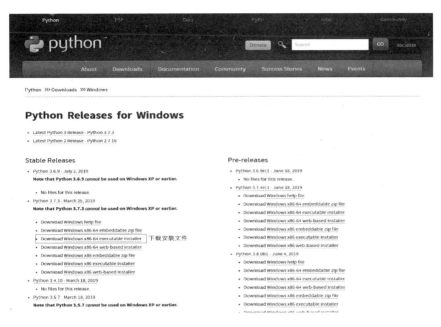

图 2-2　Windows 操作系统选择下载文件

下载后，双击下载包，进入 Python 安装向导，安装非常简单，只需要使用默认的设置，一直单击"下一步"按钮，直到安装完成即可。

3. MAC 操作系统安装 Python

MAC 操作系统一般都自带 Python 2.x 版本的环境，也可以在 Python 官网下载最新版本进行安装。

以上为在各个操作系统上安装 Python 的步骤，验证是否安装成功的办法也很简单，如果使用的是 MacOS 或者 Linux/Unix，打开终端，输入"python"并按回车键，若提示了一条欢迎信息，末尾为">>>"提示符，则安装成功；如果使用的是 Windows 系统，在 cmd 命令下输入"python"，若成功显示版本，则安装成功。

2.2　基础语法

2.2.1　基础知识

1. 编码

默认情况下，Python 3 源码文件以 UTF-8 编码，所有字符串都是 unicode 字符串。

2. 标识符

第一个字符必须是字母表中的字母或下画线；标识符的其他部分由字母、数字和下画线组成；标识符对大小写敏感。在 Python 3 中，非 ASCII 标识符也是允许的了。

3. 保留字

保留字即关键字，我们不能把它们用作任何标识符名称。Python 标准库提供了 keyword module，可以输出当前版本的所有关键字，如图 2-3 所示。

```
>>> import keyword
>>> keyword.kwlist
['False', 'None', 'True', 'and', 'as', 'assert', 'async', 'await', 'break', 'cla
ss', 'continue', 'def', 'del', 'elif', 'else', 'except', 'finally', 'for', 'from
', 'global', 'if', 'import', 'in', 'is', 'lambda', 'nonlocal', 'not', 'or', 'pas
s', 'raise', 'return', 'try', 'while', 'with', 'yield']
>>>
```

图 2-3　输出当前版本的所有关键字

4. 注释

Python 中单行注释以#开头，多行注释用三个单引号（'''）或者三个双引号（"""）将注释括起来。

5. 行与缩进

Python 采用严格的缩进来标识程序的结构。缩进指每一行代码开始前的空白区域，被用来标识各个代码块之间的层次结构。缩进可以用 Tab 键完成，也可以用固定数目的空格，建议采用 4 个空格完成缩进。不同代码块缩进的空格数是可变的，但是同一个代码块的语句必须包含相同的缩进空格数。

6. 数据类型

Python 中的数有三种类型：整数、浮点数和复数。

整数，如 1。

浮点数，如 1.23、3E-2。

复数，如 1 + 2j、1.1 + 2.2j。

7. 字符串

字符串是编程中常用的数据类型，用于表示一段连续的文本或字符序列。在 Python 中使用字符串时，可以用单引号（'）、双引号（"）或三引号（'''或"""）把字符串括起来。其中，单引号和双引号在定义字符串时具有完全相同的用途与功能。而三引号('''或""")则用于指定一个多行字符串。

在字符串中，有些字符具有特殊的含义，如换行符（\n）、制表符（\t）等。这些字符被称为转义字符，因为它们可以通过在字符前加上反斜杠（\）来"转义"字符原本的特殊含义。然而，在某些情况下，我们可能不希望字符串中的反斜杠被解释为转义字符。为了解决这个问题，Python 引入了自然字符串的概念。通过在字符串前加上 r 或 R，Python 会忽略其中的反斜杠，将其视为普通字符的一部分。例如，r"this is a line with \n" 将会输出 this is a line with \n，而不会进行换行。

此外，Python 还支持处理 Unicode 字符串，这是一种能够表示世界上几乎所有语言的字符的编码方式。在 Python 中，只需在字符串前加上 u 或 U 前缀，即可将其定义为 Unicode 字符串。例如，u"这是一个 Unicode 字符串" 就是一个 Unicode 字符串。

2.2.2　基本程序编写

1. Python 的环境变量

在 Linux/Unix 操作系统下，一般默认 Python 版本为 2.x，可以将 Python 3.x 安装在 /usr/local/python3 目录中。安装完成后，可以将路径 /usr/local/python3/bin 添加到 Linux/Unix 操作系统的环境变量中，这样就可以通过 shell 终端输入 "python3" 命令来启动 Python 3。

在 Windows 操作系统下，可以通过以下命令来设置 Python 的环境变量，假设 Python 安装在 C:\python3 目录下，如图 2-4 设置环境变量。

图 2-4　Windows 操作系统的环境变量设置

2. 交互式编程

可以在命令提示符中输入 "python" 命令来启动 Python 解释器，进入交互式编程。
在 Python 提示符中，输入以下语句，然后按回车键查看运行效果：

```
print("Hello,Python!");
```

当键入一个多行结构时，续行是必需的。如图 2-5 所示，if 语句是多行代码。

```
>>> the_world_is_flat = True
>>> if the_world_is_flat:
...     print("Be careful not to fall off!")
...
Be careful not to fall off!
```

图 2-5　多行代码图

15

如果需要退出交互式编程，输入 exit()函数或 quit()函数即可。

3. 脚本式编程

将如下代码复制至 hello.py 文件：

```
print ("Hello, Python!")
```

通过 python hello.py 命令执行该脚本，输出结果为"Hello, Python!"。

2.2.3　条件语句

Python 条件语句是通过对一个或多个条件的判断（True 或者 False）来决定执行哪个代码块的。

Python 中，if 语句是最简单的条件判断语句，一般形式如下：

```
if condition_1:
    statement_block_1
elif condition_2:
    statement_block_2
else:
    statement_block_3
```

如果"condition_1"为 True，将执行"statement_block_1"语句块；如果"condition_1"为 False，将判断"condition_2"。如果"condition_2"为 True，将执行"statement_block_2"语句块；如果"condition_2"为 False，将执行"statement_block_3"语句块。

Python 中用 elif 代替了 else if，所以 if 语句的关键字为 if-elif-else。

注意：

（1）每个条件后面要使用冒号（:），表示接下来是满足条件后要执行的语句块；

（2）使用缩进来划分语句块，相同缩进数的语句表示语句具有相同的层级关系；

（3）在 Python 中没有 switch-case 语句。

实例 IfTest.py：

```
name=input('what is your name?')
if name.endswith('lihua'):
    if name.startswith('Mr'):
        print('Hello,Mr.lihua')
    elif name.startswith('Mrs'):
        print('Hello,Mrs.lihua')
    else:
        print('Hello,lihua')
else:
    print('Hello,stranger')
```

这段程序用来检查名字是否以 lihua 结尾，如果不是，则输出"Hello,stranger"；如果是，则继续检查是否以"Mr"开头。如果符合，输出"Hello,Mr.lihua"；如果以"Mrs"开头，则输出"Hello,Mrs.lihua"；如果既不是以"Mr"开头，也不是以"Mrs"开头，则输出"Hello,lihua"。值得注意的是，上面程序中的 elif 与 else 可以根据实际程序需要来决定是否省略，并不是必需的。

2.2.4　循环语句

循环语句就是在程序中重复执行某种操作，Python 中的循环语句只有 while 和 for 两种。

1. while 循环

while 循环语句如下：

```
while  判断条件：
    statements
```

同样需要注意冒号和缩进。另外，在 Python 中，没有 do...while 循环。以下实例使用了 while 循环来打印 1～10：

```
x=1
while x<=10:
    print(x)
    x+=1
```

2. for 循环

while 语句非常灵活，可用于在条件为真时反复执行代码块。这在通常情况下很好，但有时想输出一个数组或列表中的元素，就显得不太方便。在这种情况下，可使用 for 语句：

```
words=['my','name','is','li','hua']
for word in words:
    print(word)
```

或者

```
numbers=[0,1,2,3,4,5]
for number in numbers:
    print(number)
```

鉴于遍历特定范围内的数是一种常见的任务，Python 提供了一个创建范围的内置函数。

```
>>>range(0,5)
range=(0,5)
>>>list(range(0,5))
```

输出结果：

$$[0，1，2，3，4]$$

范围类似于切片，包含起始位置，但不包含结束位置。在很多情况下，范围的起始位置为 0。实际上，如果只提供了一个位置，把这个位置视为结束位置，并假定起始位置为 0，范围函数也是可以做到的。

```
>>> range=(5)
range=(0,5)
```

使用下面的程序打印数 1~10：

```
for number in range(1,11):
    print(number)
```

注意，相比前面使用的 while 循环，这些代码要紧凑得多。因此，只要能够使用 for 循环，就不要使用 while 循环。

2.3 数据结构

Python 中的变量不需要声明。每个变量在使用前都必须赋值，赋值以后，该变量才会被创建。在 Python 中，通常所说的"类型"是变量所指的内存中对象的类型。等号（=）用来给变量赋值，等号运算符（=）左边是一个变量名，右边是存储在变量中的值，如图 2-6 所示。

运行结果如图 2-7 所示。

图 2-6　不同变量的赋值　　　　图 2-7　变量输出

Python 允许同时为多个变量赋值。例如：a=b=c=1 是创建一个整型对象，值为 1，从后向前赋值，三个变量被赋予相同的数值。也可以为多个对象指定多个变量。例如：a, b, c = 1, 2, "admin"，是将两个整型对象 1 和 2 分配给变量 a 和 b，将字符串对象 "admin" 分配给变量 c。

Python 3 中有六个标准的数据类型：Numbers（数字）、String（字符串）、List（列表）、Tuple（元组）、Sets（集合）、Dictionaries（字典）。

1. 数字

Python 3 支持 int、float、bool、complex（复数）。在 Python 3 中，只有一种整数类型 int。像大多数语言一样，数值类型的赋值和计算都是很直观的。内置的 type() 函数用来查询变量所指的对象类型。数值运算如图 2-8 所示。

图 2-8　数值运算

2. 字符串

Python 3 中的字符串用单引号（''）或双引号（""）括起来，如图 2-9 所示。

```
>>> r='i am lihua'
>>> print(r, type(r), len(r))
i am lihua <class 'str'> 10
```

图 2-9　字符串例子

字符串可以使用 "+" 运算符串连接在一起，或者用 "*" 运算符重复，如图 2-10 所示。

```
>>> print('str'+'ing', 'python'*3)
string pythonpythonpython
```

图 2-10　"+" 运算符和 "*" 运算符的使用

Python 3 中的字符串有两种索引方式：第一种是从左往右，从 0 开始依次增加；第二种是从右往左，从-1 开始依次减少。注意，Python 3 中没有单独的字符类型，一个字符就是长度为 1 的字符串，如图 2-11 所示。

```
>>> word = 'Python'
>>> print(word[0], word[5])
P n
>>> print(word[-1], word[-6])
n P
```

图 2-11　字符串索引方式展示

与 C 语言中的字符串不同的是，Python 中的字符串不能改变。向一个索引位置赋值，如 word[0] = 'm'会导致错误。

3. 列表

列表是 Python 中使用最频繁的数据类型。列表是写在方括号之间、用逗号分隔开的元素列表。列表中元素的类型可以不相同，如图 2-12 所示。

```
>>> a = ['him', 25, 100, 'her']
>>> print(a)
['him', 25, 100, 'her']
```

图 2-12　列表元素

与字符串一样，列表同样可以被索引和切片，列表被切片后返回一个包含所需元素的新列表。详细的这里就不赘述了。列表还支持串联操作，使用 "+" 操作符可以将两个列表串联起来，如图 2-13 所示。

```
>>> a=[1,2,3]
>>> a+[4,5]
[1, 2, 3, 4, 5]
```

图 2-13　列表使用 "+" 操作符

与 Python 字符串不同的是，列表中的元素是可以改变的，如图 2-14 所示。

```
>>> a=[1,2,3]
>>> a+[4,5]
[1, 2, 3, 4, 5]
>>> a[0]=8
>>> a[2:3]=[10,11,12]
>>> a
[8, 2, 10, 11, 12]
```

图 2-14　改变列表中的元素

4. 元组

元组与列表类似，不同之处在于元组的元素不能修改。元组写在小括号里，元素之间用逗号隔开。元组中的元素类型也可以不相同，如图 2-15 所示。

```
>>> a = (1991, 2014, 'physics', 'math')
>>> print(a, type(a), len(a))
(1991, 2014, 'physics', 'math') <class 'tuple'> 4
```

图 2-15　元组元素展示

元组与字符串类似，可以被索引且下标索引从 0 开始，也可以进行截取/切片。其实，可以把字符串看作一种特殊的元组。虽然元组的元素不可改变，但它可以包含可变的对象，比如列表。元组也支持用“+”操作符。字符串、列表和元组都属于 Sequence（序列）。

5. 集合

集合是一个无序、不重复元素的聚集。其基本功能是进行成员关系测试和消除重复元素。可以使用大括号或者 set()函数创建集合，创建一个空集合必须用 set()而不是 { }，因为{ }用来创建一个空字典，如图 2-16 所示。

```
>>> student = {'Tom', 'Jim', 'Mary', 'Tom', 'Jack', 'Rose'}
>>> print(student)
{'Jack', 'Rose', 'Mary', 'Jim', 'Tom'}
>>> 'Rose' in student
True
>>> a = set('abracadabra')
>>> b = set('alacazam')
>>> a
{'d', 'r', 'c', 'b', 'a'}
>>> a - b
{'d', 'b', 'r'}
```

图 2-16　集合元素展示

6. 字典

字典是 Python 中一个非常有用的内置数据类型。字典是一种映射类型（Mapping Type），它是一个无序的键值对集合。关键字必须使用不可变类型，也就是说列表和包含可变类型的元组不能作为关键字。在同一个字典中，关键字还必须互不相同。字典的基本操作如图 2-17 所示。

```
>>> dic = {}  # 创建空字典
>>> tel = {'Jack':1557, 'Tom':1320, 'Rose':1886}
>>> tel
{'Jack': 1557, 'Tom': 1320, 'Rose': 1886}
>>> tel['Jack']   # 主要的操作：通过key查询
1557
>>> del tel['Rose']   # 删除一个键值对
>>> tel['Mary'] = 4127   # 添加一个键值对
>>> tel
{'Jack': 1557, 'Tom': 1320, 'Mary': 4127}
```

图 2-17　字典的基本操作

另外，可以使用构造函数 dict() 直接从键值对序列中构建字典，如图 2-18 所示。

```
>>> dict([('sape', 4139), ('guido', 4127), ('jack', 4098)])
{'sape': 4139, 'guido': 4127, 'jack': 4098}
>>> {x: x**2 for x in (2, 4, 6)}
{2: 4, 4: 16, 6: 36}
>>> dict(sape=4139, guido=4127, jack=4098)
{'sape': 4139, 'guido': 4127, 'jack': 4098}
```

图 2-18　使用 dict()创建字典

2.4　面向对象特性

2.4.1　类和对象

面向对象编程中，不得不提到的两个概念是类与对象。类是一个具有相同特征与行为的群体，类是抽象的，并不具体指向某一个个体。对象是类的具体化，指向具体的个体。对象是类的实例化，类是对象的抽象。如图 2-19 说明了类与对象的关系，人是对所有人类的抽象，"人"这个概念对应的是类，而下面的小朋友（如麦克、汤姆、露西与李华）对应的是对象。

图 2-19　类与对象的关系

21

2.4.2 类的定义

描述一类事物既要说明其特征，又要指明其行为。例如，人类的特征包括姓名、年龄、身高、体重与肤色等，人类的行为包含了跑步与唱歌等。把特征与行为组合在一起就可以完整描述一类事物。该类事物对应的是类，该类事物的具体个体对应的是对象。

面向对象编程就是基于以上原则进行程序设计，把事物的特征与行为包含在类中。其中，类的属性对应的是事物的特征，类的方法对应的是事物的行为。对象是类的实例化，类是对象的抽象。创建一个对象，需要首先定义对应的类，而类由以下三部分组成。

（1）类名：类的名称，比如建立 Person 类。

（2）属性：用于描述事物的特征，比如人有姓名、年龄、身高、体重与肤色等特征。

（3）方法：用于描述事物的行为，比如人具有说话、跑步等行为。

在 Python 3 中，定义一个类的基本语法格式如下：

```
class 类名:
类的属性
类的方法
```

图 2-20 是一个类定义的示例代码。

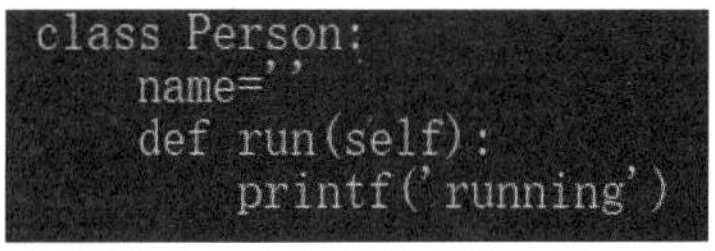

```
class Person:
    name=''
    def run(self):
        printf('running')
```

图 2-20　类的定义

在上面类中，使用关键字 class 定义了一个名称为 Person 的类，类中定义了一个属性 name，定义了一个方法 run()。该方法与函数定义方式基本相同，不同点在于该方法的第一个参数是 self，self 代表类的对象本身，可用来引用对象的属性与方法。

2.4.3 根据类创建对象

类代表抽象的事物，在使用时需要具体化，即对类进行实例化。在 Python 3 中，通过如下方式创建一个对象：

```
对象名 = 类名()
```

假如创建 Person 类的对象 p，示例代码如下：

```
p = Person()
```

在上述代码中，p 是一个对象，访问对象中的方法与属性，可通过如下方式：

```
对象名.属性名 = 属性值
```

例如，将 p 对象的 name 属性赋值为"张明"，代码如下：

```
p.name = '张明'
```

下面通过一个完整例子来演示如何创建对象，以及给属性赋值并调用方法，代码如下：

```
class Person:
    #属性
    name = ''
```

```
        #方法
        def run(self):
            print('running')
#创建对象
p = Person()
#属性赋值
p.name = '张明'
#调用方法
p.run()
```

运行结果如图 2-21 所示。

图 2-21　创建对象

2.4.4　构造方法与析构方法

Python 3 程序中提供了两个非常特别的方法：__init__()与__del__()。这两个方法分别用于对象的初始化与对象的资源释放。

1. 构造方法

构造方法主要作用是在创建对象时进行属性的初始化及资源的申请。对象中的属性包含两种：一种是特有的，同一类的每个对象的属性值都不相同；另一种是共有的，同一类的每个对象的属性值都相同。对于后一种情况，最好的方式是使用构造方法进行属性初始化，避免多次重复操作。

下面的代码中采用构造方法创建对象，在构造方法中添加属性并对属性赋值。值得注意的是，这里的构造方法除了 self 没有其他参数。

```
class Person:
    #属性
    name = ' '
    #方法
    def run(self):
        print('running')
    def __init__(self):
        self.numOfEyes = 2
#创建对象
p = Person()
print(p.numOfEyes)
```

运行结果如图 2-22 所示。

图 2-22　构造方法

23

2. 析构方法

当创建对象后，Python 3 解释器默认会调用__init__()方法；当删除一个对象来释放类所占用资源时，Python 3 解释器默认会调用__del__(self)。下面的示例代码演示析构方法的使用：

```
class Person:
    #属性
    name = ' '
    #方法
    def __init__(self):
        self.numOfEyes = 2
    def __del__(self):
        print("--------del--------")
p = Person()
del p
```

运行结果如图 2-23 所示。

```
--------del--------
```

图 2-23　析构方法

在以上代码中，__del__()方法没有释放资源，而是改用了打印语句，这是为了方便读者能够看出在执行 del 命令后，调用了析构方法。Python 3 的解释器存在垃圾自动回收机制，但也可以使用 del 命令手动删除对象。

2.5　其他高级特性

2.5.1　函数高级特性

1. 函数是对象

在 Python 3 中，一切皆是对象，函数也不例外。因此可以让一个变量指向函数，下面以内置的绝对值函数 abs()为例做简单介绍。

一般情况下，下面所示这种调用方式是广为熟悉的：

```
>>>abs(-3)
```

如前所述，函数本身也是一种对象，因此可以将函数赋值给一个变量，然后通过变量来调用对应函数，效果与直接调用函数相同，如图 2-24 所示。

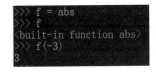

图 2-24　函数对象

2. map()与 reduce()函数

在了解函数是对象后，就容易理解 map()与 reduce()函数了。这两个函数是 Python 3 的内置函数。map()函数接受两个参数：第一个是函数对象，第二个是可迭代对象，比如列表。map()函数依次把第一个参数指定的函数应用到第二个参数指定的可迭代对象的每个元素上，并把结果作为迭代器类型返回，具体示例代码如图 2-25 所示。

```
>>> def f(x):
...     return x*x
...
>>> r = map(f,[1,2,3,4,5,6])
>>> list(r)
[1, 4, 9, 16, 25, 36]
```

图 2-25　map()函数

在图 2-25 所示代码中，首先定义了函数 f()，作用是求传入参数的平方。然后把 f() 作为对象，将其与一个从 1 到 6 的列表传入 map()函数，最后使用 list()函数列出所有返回值对象。可以看出，这段代码把求解平方的函数 f()作用到列表中的所有元素上。

reduce()函数会首先使用传入的函数对序列中的第一个元素进行计算，然后对结果序列的下一个元素做累积计算，重复直到序列中的每个元素都完成计算。可以使用如下方式表示，能够更直观地展现效果：

reduce(f,[x1,x2,x3,x4...]) = f(f(f(x1,x2),x3),x4)

在图 2-26 中，使用一段程序对列表的数求和，实现方式使用了 reduce()函数。

```
>>> def add(x,y):
...     return x+y
...
>>> reduce(add, [2,3,4,5,6])
20
```

图 2-26　reduce()函数

2.5.2　闭包

在 Python 3 中，函数是支持嵌套的，即在函数定义中嵌套另一个函数的定义。当一段代码中存在函数嵌套，一个内层函数对外层函数作用域（非全局作用域）的变量进行引用，那么内层函数就被称为闭包。闭包需要满足如下三个条件。

（1）存在于嵌套关系的函数中。

（2）嵌套的内层函数引用了外层函数的变量。

（3）嵌套的外层函数将内层函数名作为返回值。

因为闭包的概念比较复杂，为了方便理解，通过如下示例代码进行介绍：

```
def outMultiply(n):          #2
    def inMultiply(x):       #5
        return x*n           #6
    return inMultiply        #3
time3 = outMultiply(3)       #1
```

```
    print(time3(9))              #4
```

上述代码按照后面所标序号进行运行。第 1～3 步调用 outMultiply()函数（第 1 步），把 3 作为参数 n 传递给外层函数 outMultiply()（第 2 步），同时返回内层函数对象给 time3（第 3 步）；第 4～6 步调用 time3 对应的内层函数对象（第 4 步），把 9 作为参数 x 传递给内层函数 inMultiply()（第 5 步），计算 3 与 9 相乘的结果并返回给 print()函数输出（第 6 步）。最终，输出结果为 27。

按照变量的生命周期看，外层函数 outMultiply()执行完毕，参数 n 应该被销毁。但后续对内层函数 inMultiply()调用的时候，程序仍能给出正确结果。究其原因是，time3 是闭包，包含内层函数的对象，依然记得外层函数的作用域，所以还可以正常运行。

2.6 实验：Python 基本语法的实现

2.6.1 实验目的

（1）熟悉 Python 基本语法。
（2）了解 Python 程序编写调试技术。
（3）了解 Python 编写规范。
（4）掌握利用 Python 语言解决问题的能力。

2.6.2 实验要求

本次实验后，要求学生能：
（1）独立编写 Python 程序。
（2）完成实验题目所要求的功能。
（3）通过调试排除所遇到的语法错误与逻辑错误，确保程序可正确运行。

2.6.3 实验题目

1. 定义一个 Person 类并生成实例对象

属性：姓名（默认为李华）、年龄。
方法：打印，内容是"姓名叫（Person 的姓名），年龄为（Person 的年龄）"。
提示：方法中对属性的引用形式需加上 self，如 self.name。

2. 建立一个学生成绩管理系统

（1）成绩录入。录入的数据是姓名、高等数学成绩、大学物理成绩与线性代数成绩。每条数据代表的是每个学生的成绩，录入数据最终存放在一个文件名为"student.txt"的文件中。文件中每一行是一个学生的成绩，包含姓名、高等数学成绩、大学物理成绩与线性代数成绩。

（2）从"student.txt"文件中读取已经录入的数据，计算高等数学、大学物理与线性代数三门课程的平均分，并输出三门课程的平均分。

2.6.4　实验步骤

1．第 1 个题目

本题目考查的是类的定义、类的初始化、类的函数调用及类的实例化。值得注意的是，Person 类的 print 函数并不是 Python 中常用的 print 函数，而是 Person 中定义的函数，其中还涉及字符串的 format 函数。具体代码如下：

```python
#类的定义
class Person(object):
    name = '李华' #name 属性
    age = 10 #age 属性

    #类的初始化
    def __init__(self, name, age):
        self.name = name
        self.age = age

    #打印函数
    def print(self):
        print('姓名叫{}，年龄为{}'.format(self.name, self.age))

p = Person('黎明', 25)
p.print()
```

2．第 2 个题目

本题目考查的是 Python 的结构化编程，请注意循环语句、分支语句及列表的使用，这些内容是在 Python 编程中频繁使用的技术。另外，本题目还涉及异常的处理、字符串操作及文件读写等相关知识。

```python
#变量初始化
m = 1
math_list = []
physics_list = []
linear_list = []

#通过循环建立一个录入成绩与打印成绩的系统
while m!=0:
    #让用户选择功能，1 代表录入成绩，2 代表计算平均成绩，0 代表退出
    #eval 函数是将输入字符串转化为整型
    m = eval(input("请输入选择：1-录入成绩 2-计算平均成绩 0-退出\n"))
    #根据用户的输入，进行功能切换
    if m == 1:
        #防止用户输入的人数不是整型
```

```
    try:
        n1 = input("请输入学生人数:\n")
        n = int(n1)
    except ValueError:
        continue
    #打开文件，并写入数据
    with open('student.txt', 'w', encoding='utf8') as f:
        for i in range(n):
            txt = input("请按照 姓名 高等数学 大学物理 线性代数")
            f.write(txt)
            f.write("\n")
        f.close()
elif m == 2:
    #打开文件并读取数据
    with open('student.txt', 'r', encoding='utf8') as f:
        for str_line in f:
            line = str_line.split()
            math_list.append(int(line[1]))
            physics_list.append(int(line[2]))
            linear_list.append(int(line[3]))
        f.close()

    #使用 sum 函数与 len 函数计算平均值
    math_mean = sum(math_list)/len(math_list)
    physics_mean = sum(physics_list)/len(physics_list)
    linear_mean = sum(linear_list)/len(linear_list)
    print("高等数学平均成绩:{} 大学物理平均成绩:{} 线性代数平均成绩:{}".format
(math_mean, physics_mean, linear_mean))
else:
    break
```

习题

2.1 请列出 Python 语言的特性。

2.2 请列出 Python 的注释符号。

2.3 给定字符串"Hello Python"：

（1）使用 Python 3 语言，显示最后一个字符；

（2）使用 Python 3 语言，显示第二个字符；

（3）使用 Python 3 语言，列出字符串的长度。

2.4 下面表达式输出的是什么内容？

```
>>> x = 'Hello Python'
```

```
>>>print(x*2)
```

2.5 下面的循环会打印多少次 "Hello Python"？为什么？

```
for i in range(0,10,5):
    print("Hello Python")
```

2.6 简述类和对象的区别及关联。

2.7 请问面向对象编程中，什么时候会调用__init__()方法？什么时候会调用__del__()方法？

2.8 在 Python 中，列表、元组、字典和集合有什么区别？主要应用在什么场景？

第 3 章　环境搭建与入门

3.1　开发平台简介

TensorFlow 是由谷歌团队开发的深度学习框架之一，它是一个完全基于 Python 语言设计的开源框架。TensorFlow 拥有多层级结构，可部署于各类服务器、PC 终端和网页，并支持 GPU 和 TPU 高性能数值计算。TensorFlow 支持多种平台，包括 Linux、MacOS，Windows、iOS、Android、Web 等。

TensorFlow 支持多种客户端语言下的安装和运行。完成绑定并支持版本兼容运行的语言为 C 和 Python，其他（试验性）完成绑定的语言为 JavaScript、C++、Java、Go 和 Swift，依然处于开发阶段的包括 C#、Haskell、Julia、Ruby、Rust 和 Scala。

TensorFlow 提供 Python 语言下的四个不同版本：CPU 版本（TensorFlow）、GPU 版本（TensorFlow-GPU），以及它们的每日编译版本（TF-nightly、TF-nightly-GPU）。TensorFlow 的 Python 版本支持 Ubuntu 16.04、Windows 7、MacOS 10.12.6 Sierra、Raspbian 9.0 及对应的更高版本，其中 MacOS 版不包含 GPU 加速。

安装 Python 版 TensorFlow 可以使用模块管理工具 pip/pip3 或 Anaconda，并在终端直接运行。

3.2　开发环境部署

本节在 Windows 11 下使用 Anaconda 安装 TensorFlow。TensorFlow 版本选用 2.4，Python 版本选用 3.7 即可。

3.2.1　安装 Anaconda

Anaconda 的安装主要包括以下几步。

（1）在官网下载 Anaconda 的 Windows 版本并安装，出现如图 3-1 所示的界面。选中"Add Anaconda to my PATH environment variable"选项，将 Anaconda 加入环境变量。其他选择默认选项，持续单击"下一步"按钮，直到安装完成。

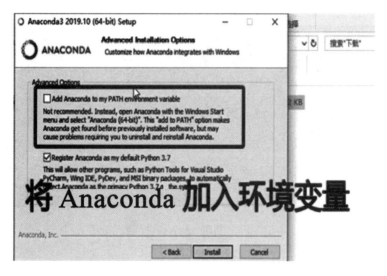

图 3-1　Anaconda 安装

（2）在桌面"开始"选项中找到 Anaconda Prompt，如图 3-2 所示。

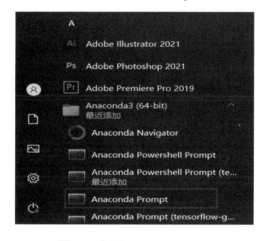

图 3-2　打开 Anaconda Prompt

（3）在打开的 Anaconda Prompt 命令框中输入"conda –version"，得到如图 3-3 所示的结果，则表明 Anaconda 已经安装成功。

图 3-3　conda 版本

（4）在 Anaconda Prompt 中创建新的 conda 环境，在命令行中输入"conda create -n test_env python==3.8"（环境名 test_env 是自己命名的），然后输入"y"，如图 3-4 所示。

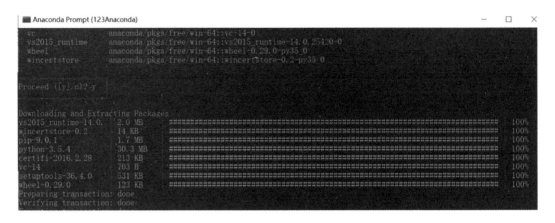

图 3-4　创建 conda 虚拟环境

3.2.2　安装 TensorFlow

（1）在命令行中输入"activate test_env"（与新建的环境名称相同），打开新建的 TensorFlow 环境，输入命令"pip install -i https://pypi.tuna.tsinghua.edu.cn/simple tensorflow"，安装过程如图 3-5 所示。

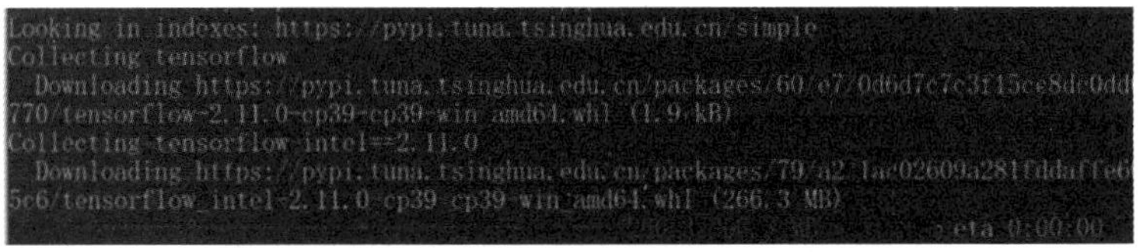

图 3-5　安装 TensorFlow

（2）测试输入以下代码：

```
python
import tensorflow as tf
tf.__version__
```

运行完成后，若安装成功，则显示如图 3-6 所示的结果。

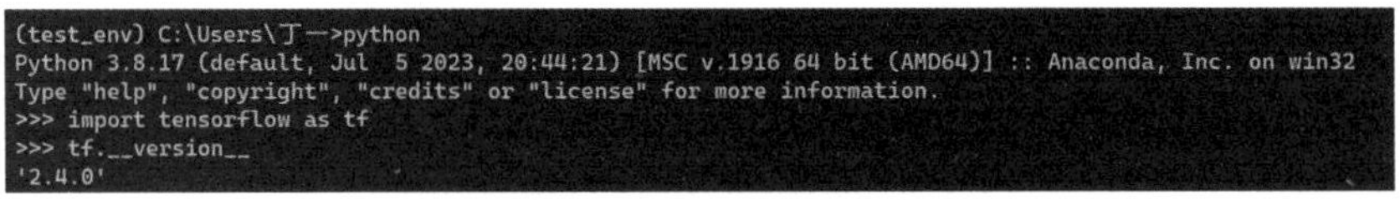

图 3-6　TensorFlow 安装成功

3.2.3　PyCharm 下载与安装

（1）官网下载 PyCharm 社区版并安装，如图 3-7 所示。

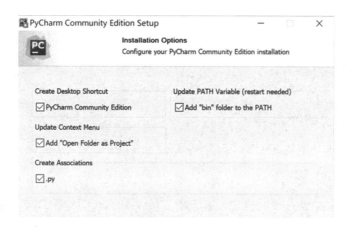

图 3-7 安装界面

（2）进入创建项目界面，选择"New Project"选项新建项目，并配置项目路径及运行环境，具体如图 3-8～图 3-11 所示。

图 3-8 创建项目界面

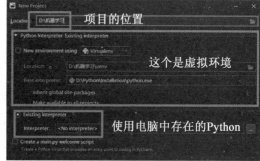

图 3-9 项目路径界面

图 3-10 选择 Python 解释器界面

图 3-11 选择 Python 版本

（3）此时已经创建了一个 Python 项目，正式打开 PyCharm，进入项目文件夹中，项目工程界面如图 3-12 所示。

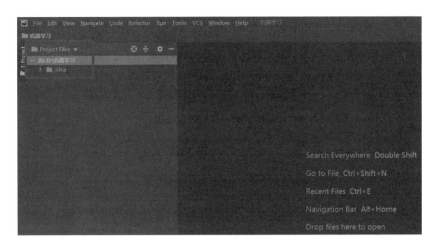

图 3-12 项目工程界面

（4）选中要创建 Python 文件的文件夹，单击鼠标右键，在弹出的选项卡中依次选择"New""Python File"选项，在弹出的文本框内输入文件名称，即可进行 Python 程序编译，如图 3-13 所示。

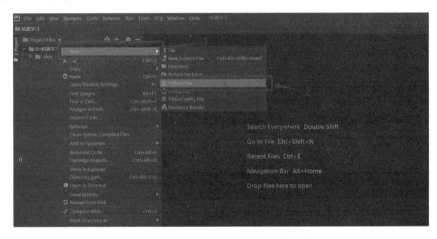

图 3-13 创建 Python 文件

3.3 一个简单的实例

（1）在项目工程中新建一个 Python 文件，并将其命名为 test_1，如图 3-14 所示。

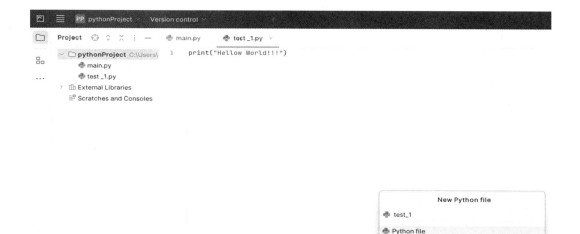

图 3-14　Python 文件命名

（2）编辑 Python 文件。根据任务要求完成 Python 源代码的编写。此处完成 Hello World 程序的编写并保存，如图 3-15 所示。

图 3-15　编辑 Python 源代码文件

（3）运行 Python 程序。在代码编辑区单击鼠标右键，弹出菜单，选择"Run"选项，在控制台窗口即可看到运行结果，如图 3-16 所示。

图 3-16　运行 Python 程序

习题

3.1　Python 的安装主要有哪几个步骤？

3.2　简述 TensorFlow 安装过程。

3.3　如何运行已有的 Python 程序？

3.4　为什么要使用调试功能？

第4章 TensorBoard 可视化

TensorBoard 是 TensorFlow 的可视化工具，它可以通过 TensorFlow 程序运行过程中输出的日志文件可视化 TensorFlow 程序的运行状态。TensorBoard 和 TensorFlow 程序运行在不同的进程中，TensorBoard 会自动读取最新的 TensorFlow 日志文件，并呈现当前 TensorFlow 程序运行的最新状态。简单来说就是神经网络有时候很难理解，我们需要 TensorBoard 来指条明路，帮助我们理解 TensorFlow 的种种功能。

4.1 什么是 TensorBoard

TensorBoard 是 TensorFlow 官方推出的可视化工具，它可以将模型训练过程中的各种汇总数据展示出来，包括标量（Scalar）、图片（Image）、音频（Audio）、计算图（Graph）、数据分布（Distribution）、直方图（Histogram）、嵌入向量（Embedding）和文本。TensorFlow 代码执行过程是先构建图，然后执行，所以不方便对中间过程进行调试。除此之外，在使用 TensorFlow 训练大型深度学习神经网络时，中间的计算过程可能非常复杂。因此，为了理解、调试和优化网络，可以使用 TensorBoard 观察训练过程中的各种可视化数据。

TensorBoard 是 TensorFlow 自带的一个强大的可视化工具，也是一个 Web 应用程序套件。在众多机器学习库中，TensorFlow 是目前唯一自带可视化工具的库，这也是 TensorFlow 的一个优点。学会使用 TensorBoard，将帮助我们构建复杂模型。这里需要理解"可视化"的含义。"可视化"也叫作数据可视化，主要研究数据的视觉表现形式。这种数据的视觉表现形式被定义为一种以某种概要形式抽提出来的信息，包括相应信息单位的各种属性和变量。例如，需要可视化算法运行的错误率，那么可以将每次算法训练的错误率绘制成折线图或曲线图，以表达训练过程中错误率的变化。可视化的方法有很多种，但无论哪一种，均对数据进行摘要与处理。

4.2 基本流程与结构

TensorBoard 是通过一些操作将数据记录到文件中，然后读取文件来完成作图的，关键的几个步骤如下。

（1）汇总（Summary）：在定义计算图时，在适当的位置加上一些汇总操作。

（2）合并（Merge）：在训练时可能加了多个汇总操作，需要使用 tf.summary.merge_all 将这些汇总操作合并成一个操作，由它来产生所有的汇总数据。

（3）运行（Run）：在没有运行时，操作是不会执行的，仅仅是定义了一下，在运行（开始训练）时，需要通过 tf.summary.FileWrite()指定一个目录，告诉程序把产生的文件放到哪儿，然后在运行时使用 add_summary()来将某一步的汇总数据记录到文件中。

当训练完成后，在命令行使用 tensorboard --logdir=path/to/log-directory 来启动 TensorBoard，按照提示在浏览器打开页面，注意把 path/to/log-directory 替换成上述步骤（3）中指定的目录。

典型的 TensorFlow 图可以拥有成千上万个节点，太多的节点导致无法轻松查看，甚至可以使用标准图形工具进行布局。为了简化，可以限定变量名称，并且可视化工具使用该信息来定义图中节点上的层次结构。默认情况下，仅显示此层次结构的顶部。下面是一个示例，它定义了 hidden 名称范围内的三个操作：

```python
import tensorflow as tf

with tf.name_scope('hidden') as scope:
    a = tf.constant(5, name='alpha')
    w = tf.Variable(tf.random.uniform([1, 2], -1.0, 1.0), name='weights')
    b = tf.Variable(tf.zeros([1]), name='biases')
```

这将产生以下三个操作名称：hidden/alpha、hidden/weights、hidden/biases，默认情况下，可视化工具将这三个节点全部折叠成标记的节点 hidden。额外的细节不会丢失。可以双击，或者单击右上角"+"展开节点，然后会看到三个子节点 alpha、weights 和 biases。这里以一个简单的计算图为实例，如图 4-1 所示。

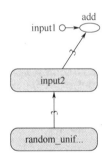

图 4-1　一个简单的计算图

通过名称域把节点分组得到可读性高的图表是很关键的。在构建一个模型时，名称域可以用来控制可视化结果。名称域越好，可视性就越好。TensorFlow 图表有两种连接关系：数据依赖和控制依赖。数据依赖显示两个操作之间的 tensor 流程，用实心箭头指示；控制依赖用点线表示。在已展开的视图中，除了用点线连接的 CheckNumerics 和 control_dependency，所有连接都是数据依赖的。其中结构图的符号、名称及意义如表 4-1 所示。

表 4-1　结构图符号、名称及意义

符号	名称	意义
	名称域	高层节点代表一个名称域，双击则展开一个高层节点
	断线节点序列	彼此之间不连接的有限个节点序列
	相连节点序列	彼此之间相连的有限个节点序列
	操作节点	一个单独的操作节点
	常量节点	一个常量节点
	摘要节点	一个摘要节点
→	数据流边	显示各操作间的数据流边
----▶	控制依赖边	显示各操作间的控制依赖边
↔	引用边	表示出度操作节点可以使入度 tensor 发生变化

TensorFlow 日志生成函数与 TensorBoard 界面栏的对应关系如表 4-2 所示。

表 4-2　TensorFlow 日志生成函数与 TensorBoard 界面栏的对应关系

TensorFlow 日志生成函数	TensorBoard 界面栏	展示内容
tf.summary.scalar	EVENTS	TensorFlow 中标量监控数据随迭代进行的变化趋势
tf.summary.image	IMAGES	TensorFlow 中使用的图片数据，这一栏一般用于可视化当前使用的训练或测试图片
tf.summary.audio	AUDIO	TensorFlow 中使用的音频数据
tf.summary.text	TEXT	TensorFlow 中使用的文本数据
tf.summary.histogram	HISTOGRAM	TensorFlow 中张量分布监控数据随迭代轮数的变化趋势

TensorBoard 使用以 tf_events 为后缀的文件类型（events 文件）来记录训练过程中的各种事件并存储在指定的日志目录中。在该文件中，可以记录与展示以下数据形式。

（1）标量：存储和显示诸如学习率、损失等单个值的变化趋势。

（2）图片：对于输入是图像的模型，显示某一步输入到模型的图像。

（3）音频：显示可播放的音频。

（4）计算图：显示代码中定义的计算图，也可以显示包括每个节点的计算时间、内存使用等情况。

（5）数据分布：显示模型参数随迭代次数的变化情况。

（6）直方图：显示模型参数随迭代次数的变化情况。

（7）嵌入向量：在 3D 或者 2D 图中展示高维数据。

（8）文本：显示保存的一小段文字。

4.3　图表的可视化

4.3.1　计算图和会话

计算图定义了计算过程，它不计算任何东西，不包含任何值，只定义了在代码中指定的操作。TensorFlow 在加载库的时候会创建图，并且将这个图指定为默认图。可以通过使用 tf.get_default_graph()函数获得默认图。在大多数的 TensorFlow 程序中，都只用计算图来处理。然而，在定义的多个模型之间没有内在依赖性的情况下，创建多个独立的图会显得尤为有用。下面的例子是用一个变量和三个操作定义一个图形：variable 返回变量的当前值；initialize 将初始值 42 赋给该变量；assign 将新值 13 赋给该变量。代码如下：

```
#Defining the Graph
graph = tf.Graph()
with graph.as_default():
    variable = tf.Variable(42, name='foo')
    initialize = tf.compat.v1.global_variables_initializer()
    assign = variable.assign(13)
```

会话允许执行计算图或计算图的一部分。它为此分配资源（在一台或多台机器上）并保存中间结果和变量的实际值。当要运行上面定义的三个操作中的任何一个时，需要为该计算图创建一个会话。因此会话需要分配内存来存储变量的当前值，代码如下：

```
#Running Computations in a Session
with tf.compat.v1.Session(graph=graph) as sess:
    sess.run(initialize)
    sess.run(assign)
    print(sess.run(variable))
# Output: 13
```

4.3.2 可视化过程

（1）建立一个计算图，从这个计算图中获取某些数据的信息。

（2）确定要在计算图中的哪些节点放置汇总操作以记录信息，如：

使用 tf.summary.scalar 记录标量；

使用 tf.summary.histogram 记录数据的直方图；

使用 tf.summary.distribution 记录数据的分布；

使用 tf.summary.image 记录图像数据。

（3）操作并不会真的执行计算，除非需要它们去运行，或者它们被其他需要运行的操作所依赖。而上一步创建的这些汇总操作其实并不被其他节点依赖，因此，需要特地去运行所有的汇总节点。但是，一个程序可能有很多这样的汇总节点，手动一个一个去启动是极其烦琐的，因此可以使用 tf.summary.merge_all 将所有汇总节点合并成一个节点，只要运行这个节点，就能产生所有之前设置的汇总数据。

（4）使用 tf.summary.FileWriter 将运行后输出的数据都保存到本地磁盘中。

（5）运行整个程序，并在命令行输入运行 TensorBoard 的指令，之后打开 Web 端可查看可视化的结果。

4.4 监控指标的可视化

TensorBoard 除了可以可视化 TensorFlow 的计算图，还可以可视化 TensorFlow 程序运行过程中各种有助于了解程序运行状态的监控指标。本节将介绍如何利用 TensorBoard 中的其他栏目可视化这些监控指标。

4.4.1 Scalar

程序中用 tf.summary.scalar(name, tensor, collections=None, family=None)来定义 Scalar。其可以可视化训练过程中随迭代次数变化，准确率、损失值、学习率、每层的权重和偏置的统计量等的变化曲线。

输入参数为：

name：此操作节点的名字，TensorBoard 中绘制的图形的纵轴也将使用此名字；

tensor：需要监控的变量。

Scalar 一个实例的可视化界面如图 4-2 所示。

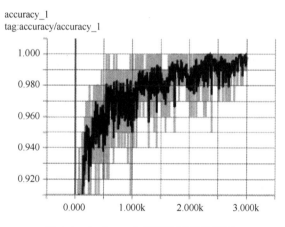

图 4-2　Scalar 一个实例的可视化界面

4.4.2 Images

程序中用 tf.summary.image(name, tensor, max_outputs=3, collections=None, family=None) 来定义 Images。其可以可视化当前使用的训练/测试图片，具体实例如图 4-3 所示。

4.4.3 Histogram

程序中用 tf.summary.histogram(name, values, collections=None, family=None)定义 Histogram。其可以可视化张量的取值分布，具体实例如图 4-4 所示。

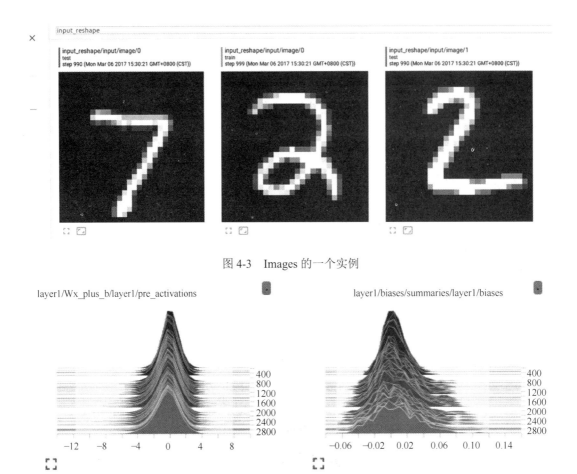

图 4-3　Images 的一个实例

图 4-4　Histogram 的一个实例

4.4.4　Merge_all

程序中用 tf.summary.merge_all(key=tf.GraphKeys.SUMMARIES)定义 Merge_all。

因为程序中定义的写日志操作比较多，一一调用非常麻烦，所以 TensorFlow 提供了 tf.summary.merge_all ()函数来整理所有的日志生成操作。此操作不会立即执行，所以，需要明确地运行 summary = sess.run(merged)这个操作来得到汇总结果。最后，调用日志书写器实例对象的 add_summary(summary, global_step=i)方法将所有汇总日志写入文件。

4.5　学习过程的可视化

TensorBoard 涉及的运算，通常是在训练庞大的深度神经网络中出现的复杂而难以理解的运算。为了方便 TensorFlow 程序的理解、调试与优化，用 TensorBoard 来展示 TensorFlow 图像，绘制图像生成的定量指标图及附加数据。

4.5.1　数据序列化

TensorBoard 通过读取 TensorFlow 的事件文件来运行。TensorFlow 的事件文件包括了会在 TensorFlow 运行中涉及的主要数据。下面是 TensorBoard 中汇总数据的大体生命周期。

首先，创建汇总数据的 TensorFlow 图，然后选择在哪个节点进行汇总操作。比如，假设正在训练一个卷积神经网络，用于识别 MNIST 标签，如果要记录学习速度是如何变化的，以及目标函数是如何变化的，则通过向节点附加 scalar_summary 操作来分别输出学习速度和期望误差，达到记录学习速度和目标函数的目的，然后可以给每个 scalary_summary 分配一个有意义的标签，比如"learning rate"和"loss function"。如果要显示一个特殊层中激活的分布，或者梯度权重的分布，可以通过分别附加 histogram_summary 运算来收集权重变量和梯度输出。在 TensorFlow 中，所有的操作只有在有执行命令，或者另一个操作依赖它的输出时才会运行。刚才创建的这些节点都围绕图像，没有任何操作依赖它们的结果。因此，为了生成汇总信息，在实际操作中，需要运行所有这些节点。这样的手动工作是很乏味的，因此可以使用 tf.merge_all_summaries 来将它们合并为一个操作。

其次，执行合并命令，它会将所有数据生成一个序列化的 Summary protobuf 对象。

最后，为了将汇总数据写入磁盘，需要将汇总的 protobuf 对象传递给 tf.train.SummaryWriter。SummaryWriter 的构造函数中包含了参数日志文件路径（logdir）。这个 logdir 非常重要，所有事件都会写到它所指的目录下。此外，SummaryWriter 中还包含了一个可选择的参数 GraphDef。如果输入了该参数，那么 TensorBoard 也会显示图像。

现在已经修改了图像，也有了 SummaryWriter，就可以运行神经网络了。在运行时，可以选择每一步执行一次合并汇总，这样会得到一大堆训练数据，数据量可能会超过预期，也可以选择每百步执行一次合并汇总。

4.5.2　启动 TensorBoard

启动 TensorBoard 时，需要输入下面的命令：python tensorflow/tensorboard/tensorboard.py--logdir=path/to/log-directory。这里的参数 logdir 指向 SummaryWriter 序列化数据的存储路径。如果 logdir 目录的子目录中包含另一次运行时的数据，那么 TensorBoard 会展示所有运行的数据。一旦 TensorBoard 开始运行，可以通过在浏览器中输入 localhost:6006（6006 为默认端口号）或者运行如图 4-5 所示的程序得到提示网址来查看 TensorBoard。

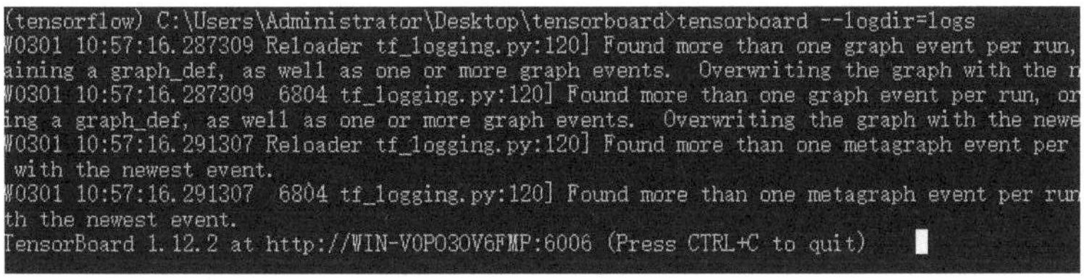

图 4-5　通过命令行打开 TensorBoard

进入 TensorBoard 的界面时，会在图 4-6 所示的右上角看到导航选项卡，每一个选项卡将展现一组可视化的序列化数据集。对于查看的每一个选项卡，如果 TensorBoard 中没有数据与这个选项卡相关的话，会显示一条提示信息，指示如何序列化相关数据。

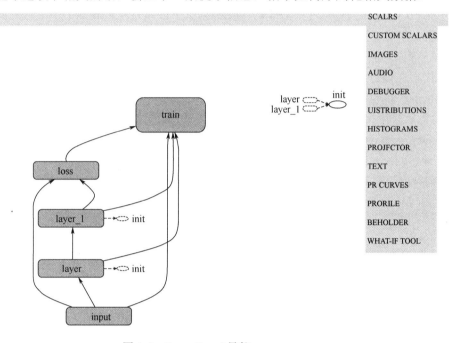

图 4-6 TensorBoard 导航

4.6 实验：TensorBoard 可视化实现

4.6.1 实验目的

（1）了解 TensorBoard 的基本原理。
（2）了解 TensorBoard 的工作流程。
（3）了解 TensorBoard 中变量的定义及符号标识的意义。
（4）运行程序，看到结果。

4.6.2 实验要求

本次实验后，要求学生能：
（1）了解 TensorBoard 的工作原理。
（2）了解 TensorBoard 设置变量节点和命名空间的方法。
（3）看懂 TensorBoard Web 端。

4.6.3　实验原理

基于 MINST 手写数据集，建立简单的神经网络，使用 TensorBoard。

（1）数据预处理。

（2）基于变量节点和命名空间进行数据传递。

（3）生成日志。

4.6.4　实验步骤

本实验的实验环境为 TensorFlow 2.14+Python 3.7 的环境。具体的实现步骤如下。

（1）定义具有多层卷积神经网络的手写字符识别模型和相应的计算图，并将计算图写入监控日志。

（2）定义编译模型和训练模型。

（3）基于训练数据进行模型训练。

（4）对模型的分类效果进行评估。

其代码实现如下：

```python
import tensorflow as tf

keras = tf.keras
mnist = tf.keras.datasets.mnist

#定义模型类
class mnistModel():
    #初始化结构
    def __init__(self, checkpoint_path, log_path, model_path):
        #checkpoint 权重保存地址
        self.checkpoint_path = checkpoint_path
        #训练日志保存地址
        self.log_path = log_path
        #训练模型保存地址
        self.model_path = model_path
        #初始化模型结构
        self.model = tf.keras.models.Sequential([
            #输入层，第一层卷积，卷积核为 3*3，输出为(None, 28, 28, 32)，卷积模式为 same
            keras.layers.Conv2D(32, (3, 3),
                        kernel_initializer=keras.initializers.truncated_normal(stddev=0.05),
                        activation=tf.nn.relu,
                        kernel_regularizer=keras.regularizers.l2(0.001),
                        padding='same',
                        input_shape=(28, 28, 1)),
            #第一层卷积的池化层，2*2 最大池化，输出为(None, 14, 14, 32)
            keras.layers.MaxPooling2D(2, 2),
```

```
                    #第二层卷积，卷积核为 3*3 ，输出为(None, 14, 14, 64)，卷积模式为 same
                    keras.layers.Conv2D(64, (3, 3),
                                        kernel_initializer=keras.initializers.truncated_normal(stddev=0.05),
                                        activation=tf.nn.relu,
                                        kernel_regularizer=keras.regularizers.l2(0.001),
                                        padding='same'),
                    #第二层卷积的池化层，2*2 最大池化，输出为(None, 7, 7, 64)
                    keras.layers.MaxPooling2D(2, 2),
                    #Dropout 随机失活，防止过拟合，输出为(None, 7, 7, 64)
                    keras.layers.Dropout(0.2),
                    #转为全连接层，输出为(None, 3136)
                    keras.layers.Flatten(),
                    #第一层全连接层，输出为(None, 512)
                    keras.layers.Dense(512,
                                        kernel_initializer=keras.initializers.truncated_normal(stddev=0.05),
                                        kernel_regularizer=keras.regularizers.l2(0.001),
                                        activation=tf.nn.relu),
                    #softmax 层，输出 (None, 10)
                    keras.layers.Dense(10, activation=tf.nn.softmax)
                ])

        #编译模型
        def compile(self):
            #输出模型摘要
            self.model.summary()
            #定义训练模式
            self.model.compile(optimizer='adam',
                               loss='sparse_categorical_crossentropy',
                               metrics=['accuracy'])

        #训练模型
        def train(self, x_train, y_train):
            # tensorboard 训练日志收集
            tensorboard = keras.callbacks.TensorBoard(log_dir=self.log_path)

            #训练过程保存 checkpoint 权重，意外停止后可以继续训练
    model_checkpoint = keras.callbacks.ModelCheckpoint(
            self.checkpoint_path,   #保存模型的路径
            monitor='val_loss',   #被监测的数据
            verbose=0,   #详细信息模式，0 或者 1
            save_best_only=True, #如果 True，被监测数据的最佳模型不会被覆盖
                save_weights_only=True, #如果 True，那么只有模型的权重会被保存
                                #否则的话，整个模型会被保存
            mode='auto', #使 Keras 根据正在监控的指标，自动判断最佳模型的含义
```

```
                period=3   #每三个 epoch 保存一次权重
        )
        #填充数据，迭代训练
        self.model.fit(
                x_train,   #训练集
                y_train,   #训练集的标签
                validation_split=0.2,   #验证集的比例
                epochs=30,   #迭代周期
                batch_size=30,   #一批次输入的大小
                verbose=2,   #训练过程的日志信息显示，一个 epoch 输出一行记录
                callbacks=[tensorboard, model_checkpoint]
        )
        #保存训练模型
        self.model.save(self.model_path)

    def evaluate(self, x_test, y_test):
        #评估模型
        test_loss, test_acc = self.model.evaluate(x_test, y_test)
        return test_loss, test_acc
def main():
    #加载 MNIST 数据集
    (x_train, y_train), (x_test, y_test) = mnist.load_data()
    #修改 shape 数据归一化
    x_train, x_test = x_train.reshape(60000, 28, 28, 1) / 255.0, \
                        x_test.reshape(10000, 28, 28, 1) / 255.0

    checkpoint_path = './checkout/'
    log_path = './log'
    model_path = './model/model.h5'

    #构建模型
    model = mnistModel(checkpoint_path, log_path, model_path)
    #编译模型
    model.compile()
    #训练模型
    model.train(x_train, y_train)
    #评估模型
    test_loss, test_acc = model.evaluate(x_test, y_test)
    print(test_loss, test_acc)


if __name__ == '__main__':
    main()
```

准确率、交叉熵的可视化结果如图 4-7 和图 4-8 所示。

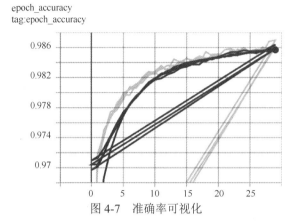

图 4-7　准确率可视化

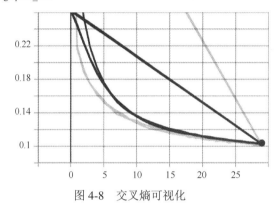

图 4-8　交叉熵可视化

张量数据的流动方式如图 4-9 所示，可以通过双击来查看每一个命名空间的内部数据的流动方式。

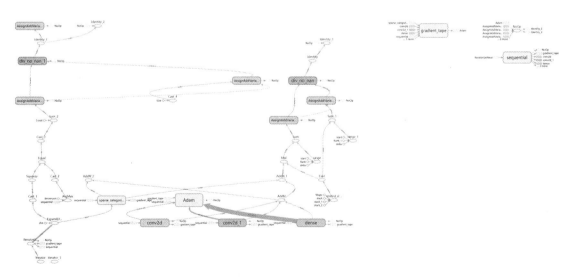

图 4-9　张量数据的流动方式

习题

4.1　TensorBoard 可以展示什么类型的数据？

4.2　如何在 events 文件中添加想要可视化的数据？

4.3　在 events 文件中添加想要可视化的数据时，变量和常量的区别是什么？

4.4　如何运行 TensorBoard？

第5章 多层感知机实现

多层感知机（Multi-layer Perceptron，MLP）是一种前向结构的人工神经网络，映射一组输入向量到一组输出向量。多层感知机由感知机推广而来，其最主要的特点是有多个神经元层，因此也叫深度神经网络（Deep Neural Networks，DNN）。多层感知机可以被看作一个有向图，由多个节点层组成，每一层全连接到下一层。除了输入节点，每个节点都是一个带非线性激活函数的神经元（或称处理单元）。本章将重点介绍多层感知机的神经网络模型及代码实现，同时介绍感知机、前向传播、梯度下降和反向传播的基本原理。

5.1 感知机

感知机（Perceptron）是大脑神经元的简单抽象，如图 5-1 所示。神经元的结构大致可分为：树突、突触、细胞体及轴突。单个神经元可被视为一种只有两种状态的机器——激活时为"是"，未激活时为"否"。神经元的状态取决于从其他的神经元收到的输入信号量及突触的强度（抑制或加强）。当（输入）信号量总和超过某个阈值时，神经元就会被激活，产生电脉冲。电脉冲沿着轴突通过突触传递（输出）到其他神经元。为了模拟神经元的行为，与之对应的感知机概念被提出，包括权重（突触信号）、偏置（阈值）及激活函数（神经元）等。

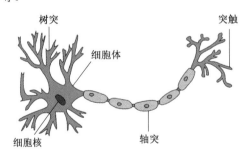

图 5-1 神经元结构示意

5.1.1 感知机的定义

感知机可定义为以特征向量为输入的二元分类器，把输入向量 x 映射到输出值 $f(x)$ 上：

$$f(x) = \begin{cases} 1 & w \cdot x + b > 0 \\ 0 & \text{其他} \end{cases}$$

式中，w 为输入权重的实数向量；$w \cdot x$ 为输入向量 x 与其权重向量 w 的点积；b 为偏置，是一个与输入无关的常数。偏置相当于激活函数的偏移量，或者作为神经元的活跃阈值。

$f(\boldsymbol{x})$（0 或 1）用于对输入向量 $\boldsymbol{x}$ 进行分类，看它是否属于某个类，因此是典型的二元分类器。由于输入经过权重关系直接转换为输出，所以感知机可以被视为形式最简单的前馈（Feed-forward）人工神经网络。

5.1.2　感知机的神经元模型

设有 n 维输入的单个感知机（见图 5-2），$a_1 \sim a_n$ 为 n 维输入向量的各个分量，表示来自 n 个其他神经元的输入信号；$w_1 \sim w_n$ 为各个输入分量连接到感知机的权重（或称权值，weight），表示突触强度；b 为偏置，即激活阈值；$f(\boldsymbol{x})$ 为激活函数（又称激励函数或传递函数），表示神经元的基本功能；y 为神经元输出。

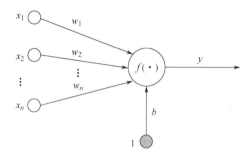

图 5-2　感知机神经元模型

输出 y 的数学描述为

$$y = f\left(\sum_{i=1}^{n} w_i x_i + b\right) = f(\boldsymbol{w}^{\mathrm{T}} \cdot \boldsymbol{x})$$

式中，$\boldsymbol{w} = [w_1 \ w_2 \cdots w_n \ b]^{\mathrm{T}}$，$\boldsymbol{x} = [x_1 \ x_2 \cdots x_n \ 1]^{\mathrm{T}}$，$f(\cdot)$ 为激活函数，其定义为

$$f(z) = \begin{cases} 1 & z \geqslant 0 \\ 0 & z < 0 \end{cases}, \quad z = \sum_{i=1}^{n} w_i x_i + b = \boldsymbol{w}^{\mathrm{T}} \cdot \boldsymbol{x}$$

为了统一计算，偏置 b 被引申为权重，对应的输入值为 1。因此，感知机的输出是求得输入向量 $\boldsymbol{w}$ 与权重向量 $\boldsymbol{x}$ 的内积后，经激活函数所得的一个标量结果。

5.1.3　感知机的学习算法

学习算法对于每个神经元都是一样的。对于每个神经元，变量如表 5-1 所示。

表 5-1　神经元变量

变量	表示
$x(j)$	输入向量的第 j 项
$w(j)$	权重向量的第 j 项
$f(\boldsymbol{x})$	神经元接收输入 $\boldsymbol{x}$ 产生的输出
α	学习率常数，且 $0 < \alpha \leqslant 1$

为了便于计算，偏置 b 可通过额外的 $n+1$ 维，通过 $x(n+1)=1$ 和 $w(n+1)=b$ 的形式追加到输入向量和权重向量。

对于感知机的学习，通过对所有训练样本进行多次迭代并更新权重的方式来建模。令 $D_m=\{(x_1,y_1),\cdots,(x_m,y_m)\}$ 表示一个具有 m 个训练样本的训练集。

每次迭代，权重向量以如下方式更新：

对于 $D_m=\{(x_1,y_1),\cdots,(x_m,y_m)\}$ 中的每个样本 $(\boldsymbol{x},y)$，$w(j):=w(j)+\alpha\big(y-f(\boldsymbol{x})\big)x(j)$（$j=1,\cdots,n$）。

这说明，仅当针对给定训练样本 $(\boldsymbol{x},y)$ 产生的输出值 $f(\boldsymbol{x})$ 与预期的输出值 y 不同（$y-f(\boldsymbol{x})\neq0$）时，权重向量才会被更新。

5.1.4　感知机的性质

感知机是一种简单的"刺激—反应"式线性二元分类器，是最简单的前馈人工神经网络。尽管结构简单，感知机能够学习并解决很多问题。感知机主要的本质缺陷是缺少"抑制和激活"的内部表征，无法处理线性不可分问题，比如经典的"异或"（XOR）问题。

包含两个输入的（单个）感知机（见图 5-3）可通过设置或学习合适的输入权重和偏置（激活阈值），很容易地实现逻辑与、或、非运算。根据 $y=f\left(\sum_{i=1}^{n}w_ix_i+b\right)=f(\boldsymbol{w}^{\mathrm{T}}\cdot\boldsymbol{x})$ 及 $f(\cdot)$ 的定义，有：

- "与"运算：令 $\boldsymbol{w}=[1\ 1\ -2]^{\mathrm{T}}$，则 $y=f(\boldsymbol{w}^{\mathrm{T}}\cdot\boldsymbol{x})=f(1\cdot x_1+1\cdot x_2-2)$，仅在 $x_1=x_2=1$ 时，$y=1$；
- "或"运算：令 $\boldsymbol{w}=[1\ 1\ -0.5]^{\mathrm{T}}$，则 $y=f(\boldsymbol{w}^{\mathrm{T}}\cdot\boldsymbol{x})=f(1\cdot x_1+1\cdot x_2-0.5)$，仅在 $x_1=x_2=0$ 时，$y=0$；
- "非"运算：令 $\boldsymbol{w}=[-0.6\ 0\ 0.5]^{\mathrm{T}}$，则 $y=f(\boldsymbol{w}^{\mathrm{T}}\cdot\boldsymbol{x})=f(-0.6\cdot x_1+0\cdot x_2+0.5)$，当 $x_1=1$ 时，$y=0$；当 $x_1=0$ 时，$y=1$。

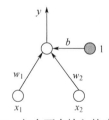

图 5-3　包含两个输入的感知机

由于对于单个感知机的输出，只有一层功能神经元进行激活函数处理，所以其学习能力非常有限。实际上，上述与、或、非问题都是线性可分的问题。可以证明，若两类模式线性可分，即存在一个线性超平面将其分开，如图 5-4(a)～图 5-4(c)所示，则感知机的学习过程必然会收敛而求得适当的权重向量 $\boldsymbol{w}=[w_1\ w_2\ \cdots\ w_n\ b]^{\mathrm{T}}$；否则，感知机的学习过程就会发生振荡，难以求得合适的 $\boldsymbol{w}$，上述感知机无法解决如图 5-4(d)所示的这种简单的线性不可分问题（"异或"问题）。

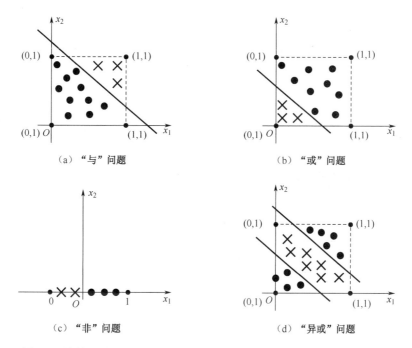

图 5-4　线性可分的"与""或""非"问题与线性不可分的"异或"问题

5.2　多层感知机与前向传播

5.2.1　多层感知机基本结构

要解决 5.1 节所述的线性不可分问题，需考虑使用多层功能神经元，即在输入和输出层之间增加一个或多个称为隐藏层（Hidden Layer）的中间层，这就构成了所谓的多层感知机。多层感知机的隐藏层和输出层神经元都是具有激活函数的功能神经元。如图 5-5 所示的简单双层感知机就能有效地解决"异或"问题。

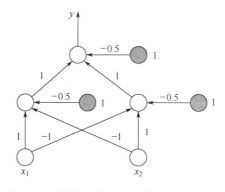

图 5-5　可解决"异或"问题的双层感知机

更一般的多层感知机如图 5-6 所示，每层神经元与下一层神经元完全连接，神经元之间不存在同层连接，也不存在跨层连接。这样的神经网络结构也称为多层前馈神经网络（Multi-layer Feed-forward Neural Networks）。其中，输入层神经元接收外部输入，隐藏层与输出层神经元对信号进行加工，最终结果由输出层神经元输出。神经网络的学习过程，就是根据训练数据来调整神经元之间的连接权重及每个功能神经元（隐藏层和输出层）偏置（阈值）的过程。换言之，神经网络的学习结果，蕴含在连接权重与偏置中。

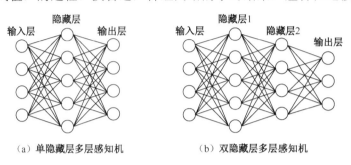

（a）单隐藏层多层感知机　　　　　（b）双隐藏层多层感知机

图 5-6　多层感知机网络结构图

5.2.2　多层感知机的特点

多层感知机和单个感知机相比，具有以下特点。

（1）加入了隐藏层，隐藏层可以有多个，它们增强了模型的表达能力，当然也使模型的复杂度倍增。

（2）输出层神经元的输出可以不止一个，允许有多个，这使模型可以灵活地应用于分类回归、降维和聚类等问题。

（3）增强激活函数。单个感知机的激活函数是图 5-7(a)所示的符号函数（也称阶跃函数），此函数过于简单，处理能力有限。多层感知机通常采用 Sigmoid 函数作为激活函数，如图 5-7(b)所示，此函数可将变化范围较大的输入值"挤压"到（0,1）的输出值范围内。除了 Sigmoid，激活函数还有 tanh、Softmax 和 ReLU 等。

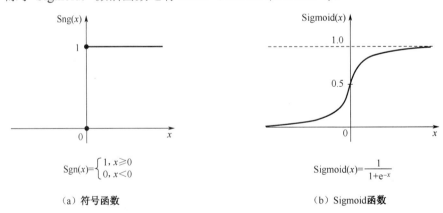

$$Sgn(x)=\begin{cases}1, & x\geqslant 0\\ 0, & x<0\end{cases}$$

$$Sigmoid(x)=\frac{1}{1+e^{-x}}$$

（a）符号函数　　　　　　　　（b）Sigmoid函数

图 5-7　感知机激活函数

5.3　前向传播

5.3.1　前向传播的计算过程

为了便于算法的推导，首先对各层输入的权重 $\boldsymbol{w}^l$ 和偏置 $\boldsymbol{b}^l$ 进行如下定义。

（1）由于各层有多个神经元，所以第 $l-1$ 层神经元到第 l 层神经元的连接权重需要使用矩阵来表示，记为 $\boldsymbol{w}^l=[w_{jk}^l]$，其中，$w_{jk}^l$ 表示第 $l-1$ 层的第 k 个神经元到第 l 层第 j 个神经元的连接权重。这里之所以记为 w_{jk}^l 而非 w_{kj}^l，是为了便于矩阵运算，如果是 w_{kj}^l，每次使用矩阵进行 $\boldsymbol{w}^{\mathrm{T}}\cdot\boldsymbol{x}$ 运算，都需要进行转置，将下一层神经元的索引 j 放在前面，而上述写法就不用转置。

（2）第 l 层所有神经元的偏置可使用向量 $\boldsymbol{b}^l$ 表示，$\boldsymbol{b}^l=[b_j^l]$，其中 b_j^l 表示第 l 层的第 j 个神经元的偏置。

例如，在图 5-8 所示的三层感知机中，第 1 层的第 3 个神经元到第 2 层的第 2 个神经元的连接权重为 w_{23}^2，第 2 层第 2 个神经元的偏置为 b_2^2。

下面以图 5-8 所示的三层感知机为例，讨论前向传播（Forward Propagation）的计算过程。

输入的样本为 $\boldsymbol{x}=[x_1\ x_2]^{\mathrm{T}}$。

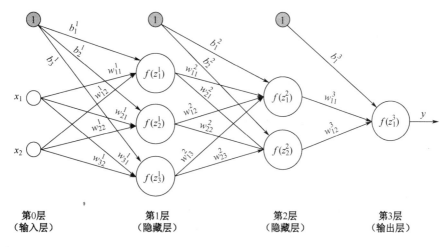

图 5-8　三层感知机

第 1 层的网络参数为

$$\boldsymbol{w}^1=\begin{bmatrix}w_{11}^1 & w_{12}^1\\ w_{21}^1 & w_{22}^1\\ w_{31}^1 & w_{32}^1\end{bmatrix},\quad \boldsymbol{b}^1=[b_1^1\ b_2^1\ b_3^1]^{\mathrm{T}}$$

第 2 层的网络参数为

$$\boldsymbol{w}^2 = \begin{bmatrix} w_{11}^2 & w_{12}^2 & w_{13}^2 \\ w_{21}^2 & w_{22}^2 & w_{23}^2 \end{bmatrix}, \quad \boldsymbol{b}^2 = [b_1^2 \ b_2^2]^{\mathrm{T}}$$

第 3 层的网络参数为

$$\boldsymbol{w}^3 = [w_{11}^3 \ w_{12}^3], \quad \boldsymbol{b}^3 = [b_1^3]^{\mathrm{T}}$$

前向传播的计算过程如下。

1. 第 1 层（隐藏层）的计算

第 1 层有三个神经元，该层的输入、权重和偏置的加权和（向量）为

$$\boldsymbol{z}^1 = \boldsymbol{w}^1 \cdot \boldsymbol{x} + \boldsymbol{b}^1$$

以第 1 个神经元为例，其输入、权重和偏置的加权和为

$$z_1^1 = w_{11}^1 \cdot x_1 + w_{12}^1 \cdot x_2 + b_1^1$$

同理，其余两个神经元的输入、权重和偏置的加权和为

$$z_2^1 = w_{21}^1 \cdot x_1 + w_{22}^1 \cdot x_2 + b_2^1$$

$$z_3^1 = w_{31}^1 \cdot x_1 + w_{32}^1 \cdot x_2 + b_3^1$$

假设所有的功能神经元使用相同的激活函数 $f(\boldsymbol{x})$（不同层神经元可以使用不同的激活函数），则该层各神经元的输出为

$$a_1^1 = f(z_1^1) = f(w_{11}^1 \cdot x_1 + w_{12}^1 \cdot x_2 + b_1^1)$$

$$a_2^1 = f(z_2^1) = f(w_{21}^1 \cdot x_1 + w_{22}^1 \cdot x_2 + b_2^1)$$

$$a_3^1 = f(z_3^1) = f(w_{31}^1 \cdot x_1 + w_{32}^1 \cdot x_2 + b_3^1)$$

2. 第 2 层（隐藏层）的计算

该层有两个神经元，第 1 层神经元的输出作为该层神经元的输入，因此，该层的输入向量为 $\boldsymbol{a}^1 = [a_1^1 \ a_2^1 \ a_3^1]^{\mathrm{T}}$。

该层的输入、权重和偏置的加权和（向量）为

$$\boldsymbol{z}^2 = \boldsymbol{w}^2 \cdot \boldsymbol{a}^1 + \boldsymbol{b}^2$$

于是，该层各神经元的输入、权重和偏置的加权和为

$$z_1^2 = w_{11}^2 \cdot a_1^1 + w_{12}^2 \cdot a_2^1 + w_{13}^2 \cdot a_3^1 + b_1^2$$

$$z_2^2 = w_{21}^2 \cdot a_1^1 + w_{22}^2 \cdot a_2^1 + w_{23}^2 \cdot a_3^1 + b_2^2$$

该层各神经元的输出为

$$a_1^2 = f(z_1^2) = f(w_{11}^2 \cdot a_1^1 + w_{12}^2 \cdot a_2^1 + w_{13}^2 \cdot a_3^1 + b_1^2)$$

$$a_2^2 = f(z_2^2) = f(w_{21}^2 \cdot a_1^1 + w_{22}^2 \cdot a_2^1 + w_{23}^2 \cdot a_3^1 + b_2^2)$$

3. 第 3 层（输出层）的计算

该层的输入为上层（第 2 层）的输出，$\boldsymbol{a}^2 = [a_1^2 \ a_2^2]^{\mathrm{T}}$，有：

$$\boldsymbol{z}^3 = \boldsymbol{w}^3 \cdot \boldsymbol{a}^2 + \boldsymbol{b}^3$$

于是得到该三层感知机的最终输出为

$$y = a_1^3 = f(z_1^3) = f(w_{11}^3 \cdot a_1^2 + w_{12}^3 \cdot a_2^2 + b_1^3)$$

不失一般性地，假设第 $l-1$ 层共有 m 个神经元，则对于第 l 层的第 j 个神经元的输出 a_j^l，有：

$$a_j^l = f(z_j^l) = f\left(\sum_{k=1}^{m} w_{jk}^l \cdot a_k^{l-1} + b_j^l\right)$$

用矩阵和向量表示，则第 l 层的输出为

$$a^l = f(z^l) = f(w^l \cdot a^{l-1} + b^l)$$

5.3.2 前向传播算法

有了上面的数学推导，设计前向传播算法也就不难了。前向传播算法就是，利用若干（层数）个权重矩阵 w、偏置向量 b 来和输入向量 x 进行一系列线性运算及激活运算，从输入层开始，一层层地向后计算，一直到输出层，得到输出结果为止。

前向传播算法描述如图 5-9 所示。可见，使用矩阵和向量运算实现前向传播算法非常简单。

输入：总层数 L，所有隐藏层和输出层对应的权重矩阵 w 和偏置向量 b，输入向量 x

过程：

1: 初始化 $a^0 = x$

2: for $l = 1$ to L do

   $a^l = f(z^l) = f(w^l \cdot a^{l-1} + b^l)$

3: end for

输出：输出层 L 的输出 a^L

图 5-9 前向传播算法描述

5.4 梯度下降

在求解机器学习算法的模型参数，即无约束优化问题时，梯度下降法（Gradient Descent）是较常用的方法之一，另一种常用的方法是最小二乘法。这里对梯度下降法做一个较全面的介绍。

5.4.1 梯度

何为梯度？在微积分中，对多元函数的参数求偏导数，把求得的各个参数的偏导数以向量的形式写出来，就是梯度。比如对于函数 $f(x,y)$，分别对 x,y 求偏导数，求得的梯度向量就是 $(\partial f / \partial x, \partial f / \partial y)^{\mathrm{T}}$，简称 $\mathrm{grad}\, f(x,y)$ 或者 $\nabla f(x,y)$。在点 (x_0, y_0) 的具体梯度向量就是 $(\partial f / \partial x_0, \partial f / \partial y_0)$ 或者 $\nabla f(x_0, y_0)$。如果是含三个参数的向量梯度，就是 $(\partial f / \partial x, \partial f / \partial y, \partial f / \partial z)^{\mathrm{T}}$，以此类推。

那么这个梯度向量求出来有什么意义呢？从几何意义上讲，它就是函数变化最快的方向。具体来说，对于函数 $f(x,y)$ 在点 (x_0, y_0)，沿着梯度向量 $(\partial f / \partial x_0, \partial f / \partial y_0)^{\mathrm{T}}$ 的方向是 $f(x,y)$ 增加最快的方向；或者说，沿着梯度向量的方向，更容易找到函数的最大值。反过来说，沿着梯度向量相反的方向，也就是 $-(\partial f / \partial x_0, \partial f / \partial y_0)^{\mathrm{T}}$ 的方向，函数减小得最快，也就是更加容易找到函数的最小值。

5.4.2   梯度下降的直观解释

首先来看梯度下降的一个直观的解释,如图 5-10 所示。梯度下降犹如下山,假如一个人在一座大山上的某个位置,但不知道如何下山,于是决定走一步计算一步,也就是每走到一个位置,便求解当前位置的梯度(陡峭程度);沿着梯度的负方向,即当前最陡峭的位置向下走一步;然后继续求解当前位置的梯度……这样一步步地走下去,一直走到山脚。当然这样走下去,有可能不能走到山脚(全局最优),而是到了某一个局部的山峰低处(局部最优)。

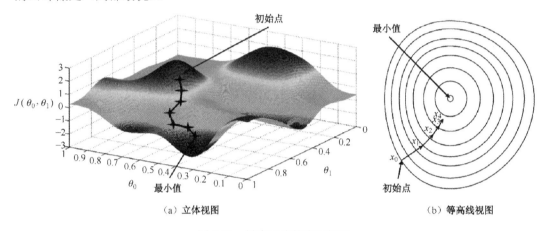

(a) 立体视图   (b) 等高线视图

图 5-10   梯度下降的直观解释

从上面的解释可以看出,通过梯度下降法不一定能够找到全局的最优解,有可能找到一个局部最优解。当然,如果损失函数是凸函数,通过梯度下降法得到的解就一定是全局最优解。

5.4.3   梯度下降法的相关概念

在介绍梯度下降法之前,让我们先了解一些相关概念。

(1)学习率(Learning Rate):指梯度下降的步长,步长决定了在梯度下降迭代的过程中,沿梯度负方向每一步前进的长度。用上面下山的例子说明,步长就是在当前这一步所在位置沿着最陡峭、最快下山的方向走的那一步的长度。

(2)特征(Feature):指样本中的输入部分,比如对于一个单特征的样本 (x_1, y_1),其特征为 x_1,(期望)输出为 y_1。

(3)假设函数(Hypothesis Function):在监督学习中,为了拟合输入样本而使用假设函数,记为 $h_\theta(x)$。比如对于单特征的 m 个样本 (x_i, y_i)($i = 1, \cdots, m$),可以采用假设函数 $h_\theta(x) = \theta_0 + \theta_1 x_i$ 进行拟合。

(4)损失函数(Loss Function):为了评估模型拟合的好坏,通常用损失函数来度量拟合的程度。损失函数极小化,意味着拟合程度最好,对应的模型参数即最优参数。在线性回归中,损失函数通常为样本的输出(标注)和假设函数的差的平方。比如对于 m 个样本 (x_i, y_i)($i = 1, \cdots, m$),采用线性回归,损失函数为

$$J(\theta_0, \theta_1) = \sum_{i=1}^{m} (h_\theta(x_i) - y_i)^2$$

式中，x_i 表示第 i 个样本的特征；y_i 表示第 i 个样本对应的输出；$h_\theta(x_i)$ 表示假设函数。

5.4.4 梯度下降法的数学描述

梯度下降法可用代数法和矩阵法（也称向量法）两种方式描述。考虑到多层感知机等神经网络模型通常采用矩阵和向量运算来实现，而且矩阵法比代数法更加简洁，逻辑更加清晰，出于篇幅的原因，这里只介绍矩阵法。

1. 先决条件

确认优化模型的假设函数和损失函数。对于线性回归，假设函数 $h_\theta(x_1, x_2, \cdots, x_n) = \theta_0 + \theta_1 x_1 + \theta_2 x_2 + \cdots + \theta_n x_n$ 的矩阵形式为

$$\boldsymbol{h\theta}(\boldsymbol{X}) = \boldsymbol{X} \cdot \boldsymbol{\theta}$$

式中，$\boldsymbol{h\theta}(\boldsymbol{X})$ 为 $m \times 1$ 的向量，$\boldsymbol{\theta}$ 为 $(n+1) \times 1$ 的向量，$\boldsymbol{X}$ 为 $m \times (n+1)$ 的矩阵，m 为样本的个数，$(n+1)$ 为样本的特征数。

损失函数的矩阵形式为

$$J(\boldsymbol{\theta}) = \frac{1}{2}(\boldsymbol{X} \cdot \boldsymbol{\theta} - \boldsymbol{Y})^{\mathrm{T}}(\boldsymbol{X} \cdot \boldsymbol{\theta} - \boldsymbol{Y})$$

式中，$\boldsymbol{Y}$ 是样本的输出向量，维度为 $m \times 1$。

2. 模型参数的初始化

初始化向量 $\boldsymbol{\theta}$、终止距离 ε 和步长 α。

3. 算法过程

（1）确定当前位置损失函数的梯度，对于向量 $\boldsymbol{\theta}$，其梯度表达式为 $\frac{\partial}{\partial \boldsymbol{\theta}} J(\boldsymbol{\theta})$。

（2）用步长乘以损失函数的梯度，得到当前位置下降的距离，即 $\alpha \frac{\partial}{\partial \boldsymbol{\theta}} J(\boldsymbol{\theta})$，对应于下山例子中的某一步。

（3）确定 $\boldsymbol{\theta}$ 中的每个值，判断梯度下降的距离是否都小于 ε。如果下降距离小于 ε，则算法终止，当前 $\boldsymbol{\theta}$ 即最终结果；否则，进入步骤（4）。

（4）更新 $\boldsymbol{\theta}$，其更新表达式如下。更新完毕后继续转入步骤（1）。

$$\boldsymbol{\theta} = \boldsymbol{\theta} - \alpha \frac{\partial}{\partial \boldsymbol{\theta}} J(\boldsymbol{\theta})$$

对于线性回归，损失函数对 $\boldsymbol{\theta}$ 的偏导数计算如下：

$$\frac{\partial}{\partial \boldsymbol{\theta}} J(\boldsymbol{\theta}) = \boldsymbol{X}^{\mathrm{T}}(\boldsymbol{X} \cdot \boldsymbol{\theta} - \boldsymbol{Y})$$

这里用到了矩阵求导的链式法则和以下两个矩阵求导的公式。

公式 1：$\frac{\partial}{\partial \boldsymbol{x}} J(\boldsymbol{x}^{\mathrm{T}} \cdot \boldsymbol{x}) = 2\boldsymbol{x}$，其中，$\boldsymbol{x}$ 为向量。

公式 2：$\nabla_X f(\boldsymbol{AX} + \boldsymbol{B}) = \boldsymbol{A}^{\mathrm{T}} \nabla_Y f$，其中 $\boldsymbol{Y} = \boldsymbol{AX} + \boldsymbol{B}$，$f(\boldsymbol{Y})$ 为标量。

5.4.5 梯度下降法的算法调优

在使用梯度下降法时，往往需要在以下三个方面进行算法调优。

1. 算法步长（学习率）的选择

步长的取值取决于数据样本数量，可以多试一些样本，从大到小，分别运行算法，看看迭代效果，如果损失函数值在变小，说明取值有效；否则要增大步长。步长太大，会导致迭代过快，有可能错过最优解；步长太小，迭代速度太慢，经过很长时间算法还不能结束。所以对于算法的步长，需要多次尝试后才能得到一个较优的值。

2. 算法参数的初始值选择

初始值不同，获得的最小值也可能不同，因此梯度下降法求得的只是局部最小值。当然，如果损失函数是凸函数，则求得的一定是最优解。由于有仅得到局部最优解的风险，需要多次用不同初始值运行算法，选择损失函数最小化的初始值。

3. 归一化

样本不同特征的取值范围不一样，可能导致迭代很慢，为了减小特征取值的影响，可以对特征数据归一化，也就是对于每个特征 x，求出它的期望 $\bar{x}$ 和标准差 $\mathrm{Std}(x)$，然后转化为 $\dfrac{x - \bar{x}}{\mathrm{Std}(x)}$，这样，特征的新期望为 0，新方差为 1，可以大大加快迭代速度。

5.4.6 常见的梯度下降法

1. 批量梯度下降法（Batch Gradient Descent，BGD）

批量梯度下降法是梯度下降法最常用的形式，是一种使用所有样本的梯度数据更新参数的方法：

$$\theta_i = \theta_i - \alpha \sum_{j=0}^{m} \Big(h_\theta(x_0^{(j)}, x_1^{(j)}, \cdots, x_n^{(j)}) - y_j \Big) x_i^{(j)}$$

这里，更新参数 θ_i 时使用了所有 m 个样本的梯度数据。

2. 随机梯度下降法（Stochastic Gradient Descent，SGD）

随机梯度下降法其实与批量梯度下降法原理类似，其区别在于没有使用所有 m 个样本的数据，而是仅仅随机地选取一个样本 j 来求梯度。对应的更新公式是：

$$\theta_i = \theta_i - \alpha \Big(h_\theta(x_0^{(j)}, x_1^{(j)}, \cdots, x_n^{(j)}) - y_j \Big) x_i^{(j)}$$

随机梯度下降法和批量梯度下降法可以说是两个极端情况，前者使用一个样本来计算梯度，后者采用所有样本计算梯度，各自的优缺点因此非常突出。随机梯度下降法由于每次仅仅采用一个样本来迭代，所以训练速度很快；而批量梯度下降法在样本量很大的时候训练速度很慢，这不能让人满意。对于准确度来说，随机梯度下降法仅仅用一个样本决定梯度方向，导致解很有可能不是最优的。对于收敛速度来说，随机梯度下降法一次迭代一个样本，导致迭代方向变化很大，不能很快收敛到局部最优解。

3. 小批量梯度下降法（Mini-batch Gradient Descent，MBDG）

小批量梯度下降法是批量梯度下降法和随机梯度下降法的折中，也就是对于 m 个样本，从中抽取 s 个样本来迭代（$1<s<m$）。一般可以取 $s=10$，当然根据样本的数据，可以适当地调整 s 的值。对应的更新公式是：

$$\theta_i = \theta_i - \alpha \sum_{j=t}^{t+s-1} \left(h_\theta(x_0^{(j)}, x_1^{(j)}, \cdots, x_n^{(j)}) - y_j \right) x_i^{(j)}$$

5.5 反向传播

5.5.1 反向传播算法要解决的问题

在了解反向传播算法前，首先要知道反向传播算法要解决的问题。也就是说，什么情况下，我们需要反向传播算法。

假设有包含 m 个训练样本的训练集 $D = \{(\boldsymbol{x}_1, \boldsymbol{y}_1), (\boldsymbol{x}_2, \boldsymbol{y}_2), \cdots, (\boldsymbol{x}_m, \boldsymbol{y}_m)\}$，其中 $\boldsymbol{x}_i$（$i=1,\cdots,m$）为输入向量，特征维度为 n_x；$\boldsymbol{y}_i$（$i=1,\cdots,m$）为输出向量，特征维度为 n_y。然后利用这 m 个样本训练一个模型，当遇到新的测试样本 $(\boldsymbol{x}_{\text{test}},?)$ 时，此模型便可以预测 $\boldsymbol{y}_{\text{test}}$ 向量的输出。

如果使用上述样本训练 MLP 模型，则其输入层有 n_x 个神经元，输出层有 n_y 个神经元，再加上一些含有若干神经元的隐藏层。此时我们需要找到所有隐藏层和输出层对应的权重矩阵 $\boldsymbol{W}$ 和偏置向量 $\boldsymbol{b}$，使所有的训练样本输入计算出的输出尽可能等于样本输出。怎么找到合适的参数（$\boldsymbol{W}$ 和 $\boldsymbol{b}$）呢？

为了让机器学习模型学习到合适的参数，监督式机器学习算法通常会使用损失函数来度量训练样本的输出损失，即误差，然后根据误差不断"调整"模型参数，使误差最终降到最低，也就是使损失函数达到最小化的极值。此时得到的模型参数就是最终结果。在 MLP 等神经网络模型中，损失函数优化求解的过程通常是通过梯度下降法一步步迭代完成的。

对神经网络的损失函数，用梯度下降法进行迭代优化求极小值的过程即反向传播过程，其目标是要最小化训练集 D 上的累积误差。

5.5.2 反向传播算法的基本思路

在进行反向传播前，需要选择一个损失函数来度量训练样本（通过前向传播算法）计算出的输出和训练样本的实际输出（标记）之间的损失（误差）。

最常见的计算损失的方法是使用均方差，即损失函数可使用下式进行定义：

$$J(\boldsymbol{W}, \boldsymbol{b}, \boldsymbol{x}, \boldsymbol{y}) = \frac{1}{2} \left\| \boldsymbol{a}^L - \boldsymbol{y} \right\|_2^2$$

式中，$\boldsymbol{a}^L$ 和 $\boldsymbol{y}$ 为特征维度为 n_y 的向量，$\|S\|_2$ 为 S 的 L2 范数。

有了损失函数，便可使用梯度下降法迭代求解每一层的 W 和 b。

首先是输出层（第 L 层）。注意到输出层的 W 和 b 满足：

$$a^L = f(z^L) = f(W^L \cdot a^{L-1} + b^L)$$

这样，对于输出层的参数 W 和 b，损失函数变为

$$J(W, b, x, y) = \frac{1}{2}\left\| a^L - y \right\|_2^2 = \frac{1}{2}\left\| f(W^L \cdot a^{L-1} + b^L) - y \right\|_2^2$$

于是，W 和 b 的梯度（偏导数）为

$$\frac{\partial J(W, b, x, y)}{\partial W^L} = \frac{\partial J(W, b, x, y)}{\partial z^L}\frac{\partial z^L}{\partial W^L} = (a^L - y) \odot f'(z^L)(a^{L-1})^{\mathrm{T}}$$

$$\frac{\partial J(W, b, x, y)}{\partial b^L} = \frac{\partial J(W, b, x, y)}{\partial z^L}\frac{\partial z^L}{\partial b^L} = (a^L - y) \odot f'(z^L)$$

式中，符号 $\odot$ 表示 Hadamard 积，即对于两个维度相同的向量 $a = [a_1 \ a_2 \ \cdots \ a_n]^{\mathrm{T}}$ 和 $b = [b_1 \ b_2 \ \cdots \ b_n]^{\mathrm{T}}$，$a \odot b = [a_1 b_1 \ a_2 b_2 \ \cdots \ a_n b_n]^{\mathrm{T}}$。

注意到，在计算输出层的 W 和 b 时，公共的部分 $\dfrac{\partial J(W, b, x, y)}{\partial z^L}$ 可以先算出来，记为

$$\delta^L = \frac{\partial J(W, b, x, y)}{\partial z^L} = (a^L - y) \odot f'(z^L)$$

计算出输出层的梯度后，通过递推，第 L 层对未激活输出的 z^L 的梯度可表示为

$$\delta^L = \frac{\partial J(W, b, x, y)}{\partial z^L} = \frac{\partial J(W, b, x, y)}{\partial z^L}\frac{\partial z^L}{\partial z^{L-1}}\frac{\partial z^{L-1}}{\partial z^{L-2}}\cdots\frac{\partial z^{l+1}}{\partial z^l}$$

根据前向传播计算公式 $z^l = W^l \cdot a^{l-1} + b^l$，可以很方便地计算出第 l 层的 W^l 和 b^l 的梯度：

$$\frac{\partial J(W, b, x, y)}{\partial W^l} = \frac{\partial J(W, b, x, y)}{\partial z^l}\frac{\partial z^l}{\partial W^l} = \delta^l (a^{l-1})^{\mathrm{T}}$$

$$\frac{\partial J(W, b, x, y)}{\partial b^l} = \frac{\partial J(W, b, x, y)}{\partial z^l}\frac{\partial z^l}{\partial b^l} = \delta^l$$

现在问题的关键就是求出 δ^l，这里可以使用数据归纳法，第 L 层的 δ^L 已经求出，假设第 $l+1$ 层的 δ^{l+1} 已经求出，则第 l 层的 δ^l 为

$$\delta^l = \frac{\partial J(W, b, x, y)}{\partial z^l} = \frac{\partial J(W, b, x, y)}{\partial z^{l+1}}\frac{\partial z^{l+1}}{\partial z^l} = \delta^{l+1}\frac{\partial z^{l+1}}{\partial z^l}$$

可见，用归纳法递推 δ^{l+1} 和 δ^l 的关键在于求解 $\dfrac{\partial z^{l+1}}{\partial z^l}$。

而 z^{l+1} 和 z^l 的关系可以通过下式得出：

$$z^{l+1} = W^{l+1}a^l + b^{l+1} = W^{l+1}f(z^l) + b^{l+1}$$

于是：

$$\frac{\partial z^{l+1}}{\partial z^l} = (W^{l+1})^{\mathrm{T}} \odot [\underbrace{f'(z^l)\cdots f'(z^l)}_{nl+1}]$$

将上式代入 δ^{l+1} 和 δ^l 的关系式，可得：

$$\delta^l = \delta^{l+1}\frac{\partial z^{l+1}}{\partial z^l} = (W^{l+1})^{\mathrm{T}}\delta^{l+1} \odot f'(z^l)$$

现在得到了 δ^l 的递推关系式，只要求出某一层的 δ^l，就可容易地求出 W^l 和 b^l 对应的梯度。

5.5.3　反向传播算法的流程

下面给出反向传播算法的流程。由于梯度下降法有批量、小批量、随机三个变种，为了简化描述，这里以最基本的批量梯度下降法为例来描述反向传播算法。实际上在业界使用最多的是小批量梯度下降法。不同梯度下降法的区别仅仅在于迭代时训练样本的选择方式不同。

反向传播算法流程如图 5-11 所示。

输入：总层数 L，各隐藏层与输出层的神经元个数，激活函数，损失函数，学习率 α，最大迭代次数 MAX 与停止迭代阈值 ε，输入的 m 个训练样本的训练集 $D = \{(x_1, y_1), (x_2, y_2), \cdots, (x_m, y_m)\}$

过程：

1:　初始化各隐藏层与输出层的权重矩阵 W 和偏置向量 b 的值为随机值

2:　for iter = 1 to MAX:

3:　　　for i = 1 to m:

4:　　　　　将 MLP 的输入 a^0 设置为 x_i

5:　　　　　利用前向传播算法计算当前样本的输出 $a^{i,L}$

6:　　　　　利用损失函数计算输出层的梯度 $\delta^{i,L}$

7:　　　　　for l = L − 1 to 1:

8:　　　　　　　利用 $\delta^{i,l} = (W^{l+1})^{\mathrm{T}}\delta^{i,l+1} \odot f'(z^{i,l})$ 计算第 l 层的梯度 $\delta^{i,l}$

9:　　　　　end for

10:　　end for

11:　　for l = 1 to L:

12:　　　　利用 $W^l = W^l - \alpha\sum\limits_{i=1}^{m}\delta^{i,l}(a^{i,l-1})^{\mathrm{T}}$ 更新第 l 层的权重矩阵 W^l

13:　　　　利用 $b^l = b^l - \alpha\sum\limits_{i=1}^{m}\delta^{i,l}$ 更新第 l 层的偏置向量 b^l

12:　　end for

13:　　如果所有权重矩阵 W 和偏置向量 b 的变化值小于停止迭代阈值 ε，则退出迭代循环

14:　end for

输出：各隐藏层与输出层的权重矩阵 W 和偏置向量 b

图 5-11　反向传播算法流程

5.6　数据集

5.6.1　训练集、测试集和验证集

在监督式机器学习中，原始数据集通常被划分为训练集、测试集和验证集（Validation Set），如图 5-12 所示。适当地对数据集进行划分，可以帮助我们选出效果（可以理解为准确率）最好、泛化能力最佳的模型。

图 5-12　数据集的划分

1. 训练集

训练集用来训练（拟合）模型，通过设置分类器的参数，训练分类（预测）模型。后续结合验证集进行验证时，会选出同一参数的不同取值，拟合出多个分类器。

2. 验证集

当通过训练集训练出多个模型后，为了找出效果最佳的模型，使用各个模型对验证集数据进行预测，并记录模型准确率，然后选出效果最佳的模型所对应的参数。可见，验证集主要用来调整模型的超参数（如学习率、激活函数等）。

3. 测试集

通过训练集和验证集得出最优模型后，使用测试集进行模型预测。测试集用来衡量该最优模型的性能和分类能力，即可以把测试集当作不存在的数据集，当已经确定模型参数后，使用测试集进行模型性能评价。

上述三个集合不能有交集，其数据量的常见的比例是 8:1:1。当然比例是人为设定的，可以根据实际情况设置三者的比例。

对原始数据进行三个数据集的划分，也是为了防止模型"过拟合"。当使用所有的原始数据去训练模型时，得到的结果很可能是该模型最大程度地拟合了原始数据，即该模型是为了拟合所有原始数据而存在的。当新的样本出现时，使用该模型进行预测，效果可能还不如只使用一部分数据训练的模型。

5.6.2　MNIST 数据集

MNIST 数据集是一个入门级的经典计算机视觉数据集，它包含各种手写数字图片，如图 5-13 所示。本章实现的手写数字识别多层感知机就是使用该数据集训练和测试的。

图 5-13　MNIST 手写数字图片

如果使用 TensorFlow，是不用专门从官网下载 MNIST 数据集的，因为 MNIST 数据集已经包含在 TensorFlow 的 tensorflow.examples.tutorials.mnist 和 tensorflow.keras.datasets.mnist 模块中。

MINIS 数据集中的每张图片包含 28 像素×28 像素。可以用一个数字数组（矩阵）来表示图片，如图 5-14 所示。

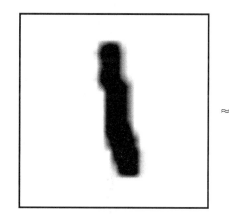 ≈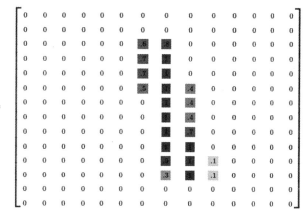

图 5-14　数字图片的矩阵表示

将此数组（矩阵）展开成一个向量，长度为 28×28=784。因此，MNIST 数据集每张图片其实就是一个 784 维的向量。在 MNIST 数据集中，第一个维度的数字用来索引图片，第二个维度的数字用来索引每张图片中的像素点。因此，它是一个形状为 [60000, 784] 的张量，如图 5-15 所示。

mnist.train.xs

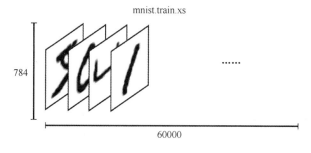

图 5-15　MNIST 数据集张量

相对应的 MNIST 数据集的标签（期望输出）是介于 0 到 9 的数字，用来描述给定图片里表示的数字。这里，标签数据是"one-hot 向量"。一个 one-hot 向量除了某一维的数字是 1，其余各维数字都是 0。比如，标签 0 表示为[1,0,0,0,0,0,0,0,0,0]，标签 2 表示为[0,0,1,0,0,0,0,0,0,0]，以此类推，如图 5-16 所示。

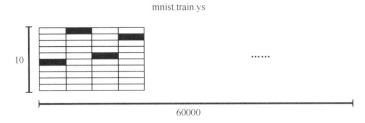

图 5-16　MNIST 数据集标签

5.7　多层感知机的实现

5.7.1　NumPy 多层感知机的实现

TensorFlow 封装了神经网络模型的内部实现细节，因此，为了帮助读者深入地理解多层感知机的工作原理，下面给出只依赖 NumPy 库的多层感知机的简单实现。

```python
#coding=utf-8
#文件：NetMLP.py
#导入 random 库，用于对权重矩阵和偏置向量进行随机初始化
import random
#导入 NumPy 库，用于创建权重矩阵和偏置向量及其运算
import numpy as np

#类：NetMLP，多层感知机神经网络
class NetMLP(object):
    #构造方法
    def __init__(self, sizes):
        """ 列表型参数 sizes 用来指定多层感知机神经网络各层的神经元个数。例如，列表[2,3,1]
        表示三层的神经网络，其中第一层有 2 个神经元，第二层和第三层分别有 3 个和 1 个神
        经元。网络隐藏层和输出层的偏置 biases 及连接权重 weights 按照高斯分布（均值为 0，
        方差为 1）随机初始化。第一层假设为输入层，此层的神经元无须设置偏置，因为偏置
        仅用于隐藏层和输出层
        """
        #属性：层数(int)，即 sizes 列表的长度
        self.num_layers = len(sizes)
        #属性：隐藏层和输出层的神经元偏置，使用高斯分布进行随机初始化
        self.biases = [np.random.randn(y, 1) for y in sizes[1:]]
        #属性：隐藏层和输出层神经元的连接权重，使用高斯分布进行随机初始化
        self.weights = [np.random.randn(y, x)
                        for x, y in zip(sizes[:-1], sizes[1:])]

    #前向传播
```

```
def feedforward (self, a) :
    "'返回以 a 为输入的网络输出'"
    .for b, w in zip (self.biases, self.weights) :
        a = sigmoid(np.dot(w, a) + b)
    return a
```

#随机梯度下降
```
def SGD (self, training_data, epochs, mini_batch_size, cta,
        test_data = None):
    """使用小批量随机梯度下降法训练神经网络。其中训练数据参数 training_data 是一个二
    元组(x,y)的列表，表示训练数据的输入及其期望的输出；epochs 表示训练周期数；mini_
    batch_size 表示采样时所用小批量的大小；eta 表示学习率；如果提供了可选的测试数据
    test_data，该程序将在每个训练周期后对网络进行评估，并输出测试进度。这对进度跟
    踪很有用，但会显著地降低速度"""
    n_test = 0
    #获得测试数据的大小
    if test_data: n_test = len (test_data)
    #获得训练数据的大小
    n = len (training_data)
    #对于每个训练周期
    for j in xrange (epochs) :
        #随机地对训练数据进行重排
        random.shuffle (training_data)
        #将训练数据划分为指定大小的(mini_batch_size)小批量训练集
        mini_batches = [training_data [k: k + mini_batch_size]
                        for k in xrange(0, n, mini_batch_size)]
        #对每个小批量训练集使用反向传播的梯度下降法更新网络的权重和偏置
        for mini_batch in mini_batches:
            self.update_mini_batch (mini_batch, eta)
        #若提供测试数据，则对当前训练结果进行测试评估，并输出
        if test_data:
            print("Epoch {0}: {1} / {2}".format(j,
                        self.evaluate(test_data), n_test))
        else:
            print("Epoch {0} complete".format(j))
```

#使用小批量梯度下降法更新网络权重和偏置
```
def update_mini_batch (self, mini_batch, eta) :
    """使用梯度下降法和反向传播算法更新单个小批量的网络的权重和偏置。mini_batch
    是二元组(x,y)的列表，eta 是学习率"""
    nabla_b = [np.zeros (b.shape) for b in self.biases]
    nabla_w = [np.zeros (w.shape) for w in self.weights]
    # 1: 输入训练样本集，由 mini_batch 参数提供
    # 2: 对于每个训练样本 x 及其期望输出 y
```

```
for x, y in mini_batch:
        #调用反向传播算法计算与训练样本 x 相关的代价梯度值
        delta_nabla_b, delta_nabla_w = self.backprop(x, y)
        nabla_b = [nb + dnb for nb, dnb in zip(nabla_b, delta_nabla_b)]
        nabla_w = [nw + dnw for nw, dnw in zip(nabla_w, delta_nabla_w)]
    #3: 梯度下降: 更新权重和偏置向量
    self.weights = [w - (eta / len(mini_batch)) * nw
                    for w, nw in zip(self.weights, nabla_w)]
    self.biases = [b - (eta / len(mini_batch)) * nb
                    for b, nb in zip(self.biases, nabla_b)]


#使用反向传播算法计算损失值的梯度
def backprop(self, x, y):
    """返回一个二元组(nabla_b, nabla_w), 表示价值函数的梯度值。nabla_b 和 nabla_w 是用
NumPy 数组表示的每层的梯度向量"""
    nabla_b = [np.zeros(b.shape) for b in self.biases]
    nabla_w = [np.zeros(w.shape) for w in self.weights]
    #1. 输入 (训练样本集) x: 设置输入层的激活值
    activation = x
    activations = [x] #用来存储各层所有激活值的数组 (向量)
    zs = [] #用来存储各层 z 向量的列表
    #2. 前向反馈: 对于每一层, 计算相应的 z 向量和激活向量 a
    for b, w in zip(self.biases, self.weights):
        z = np.dot(w, activation) + b
        zs.append(z)
        activation = sigmoid(z)
        activations.append(activation)
    #3. 输出误差:计算输出层的损失值
    delta = self.cost_derivative(activations[-1], y) * \
            sigmoid_prime(zs[-1])
    nabla_b[-1] = delta
    nabla_w[-1] = np.dot(delta, activations[-2].transpose())
    #4. 反向传播误差: 对于从后往前的每一层 L-1,L-2,···,2 依次计算各层的误差向量
    for l in xrange(2, self.num_layers):
        #BP2
        z = zs[-l]
        sp = sigmoid_prime(z)
        delta = np.dot(self.weights[-l + 1].transpose(), delta) * sp
        #BP3
        nabla_b[-l] = delta
        #BP4
        nabla_w[-l] = np.dot(delta, activations[-l - 1].transpose())
    #5. 输出: 损失值关于偏置 b 和权重 w 的梯度
    return (nabla_b, nabla_w)
```

```
#网络评估函数，并返回神经网络输出正确结果的测试次数
def evaluate(self, test_data):
    """返回神经网络输出正确结果的测试次数。神经网络的输出假定为最后一层
    中具有最高激活值神经元的索引"""
    test_results = [(np.argmax(self.feedforward(x)), y)
                        for (x, y) in test_data]
    return sum(int(x == y) for (x, y) in test_results)

    #计算成本函数关于输出激活值的偏导数向量
    def cost_derivative(self, output_activations, y):
        """返回用来作为输出层激活值的偏导数向量"""
        return (output_activations - y)
# end
# Sigmoid 激活函数
def sigmoid(z):
    """Sigmoid 激活函数。计算某层神经元的加权输入向量 z 的激活值。其中参数 z 是一个向量
    或 NumPy 数组
    """
    return 1.0 / (1.0 + np.exp(-z))
# Sigmoid 函数的导函数
def sigmoid_prime(z):
    """返回 Sigmoid 函数的导数"""
    return sigmoid(z) * (1 - sigmoid(z))
```

5.7.2　TensorFlow 多层感知机的实现

用 TensorFlow 实现多层感知机要简单得多，只需提供必要的参数设置，就能很轻松地实现一个高效的多层感知机，具体代码如下：

```
from __future__ import print_function
#导入 MNIST 数据集
from tensorflow.examples.tutorials.mnist import input_data
#加载数据集
mnist = input_data.read_data_sets("/tmp/data/", one_hot=True)
#导入 TensorFlow 模块
import tensorflow as tf

#训练参数，也叫超参数
learning_rate = 0.001 #学习率
training_epochs = 15 #训练周期数，总共训练 15 次
batch_size = 100 #批量大小，每次迭代选择 100 个样本
display_step = 1 #显示步长

#网络参数
```

```
n_hidden_1 = 256 #第 1 个隐藏层的神经元（特征）个数
n_hidden_2 = 256 #第 2 个隐藏层的神经元（特征）个数
n_input = 784 # MNIST 数据集输入（图像大小: 28*28），即输入层的神经元个数
n_classes = 10 # MNIST 总分类数（数字 0～9），即输出层的神经元个数
#指定网络输入和输出（占位符，样本个数不确定为 None）
x = tf.placeholder("float", [None, n_input])
y = tf.placeholder("float", [None, n_classes])


#定义多层感知机神经网络模型
def multilayer_perception(x, weights, biases):
    #隐藏层 1，使用 ReLU 激活函数
    layer_1 = tf.add(tf.matmul(x, weights['h1']), biases['b1'])
    layer_1 = tf.nn.relu(layer_1)
    #隐藏层 2，使用 ReLU 激活函数
    layer_2 = tf.add(tf.matmul(layer_1, weights['h2']), biases['b2'])
    layer_2 = tf.nn.relu(layer_2)
    #输出层，输出 10 个类别的得分值
    out_layer = tf.matmul(layer_2, weights['out']) + biases['out']
    return out_layer


#模型参数：各层的权重和偏置张量，初始化为随机数
weights = {
    'h1': tf.Variable(tf.random_normal([n_input, n_hidden_1])),
    'h2': tf.Variable(tf.random_normal([n_hidden_1, n_hidden_2])),
    'out': tf.Variable(tf.random_normal([n_hidden_2, n_classes]))
}
biases = {
    'b1': tf.Variable(tf.random_normal([n_hidden_1])),
    'b2': tf.Variable(tf.random_normal([n_hidden_2])),
    'out': tf.Variable(tf.random_normal([n_classes]))
}
#使用上述多层感知机模型进行预测，得到预测结果
pred = multilayer_perception(x, weights, biases)
#使用 Softmax 交叉熵损失函数，参数为预测值 pred 和实际值 y，并计算误差均值
cost = tf.reduce_mean(tf.nn.softmax_cross_entropy_with_logits(pred, y))
#使用基于梯度下降法的优化器，以 learning_rate（=0.001）为学习率最小化损失函数
optimizer = tf.train.GradientDecentOptimizer(
    learning_rate=learning_rate).minimize(cost)
#初始化所有变量
init = tf.initialize_all_variables()


#启动 tf 会话，开始训练过程
with tf.Session() as sess:
    sess.run(init)
```

```
#开始训练模型，迭代 training_epochs 次（本例为 15 次）
for epoch in range(training_epochs):
    avg_cost = 0. #平均损失
    #计算总批次
    total_batch = int(mnist.train.num_examples/batch_size)
    #对于每个批次
    for i in range(total_batch):
        #抽取当前批次的 batch_size 个样本（本例为 100 个）
        batch_x, batch_y = mnist.train.next_batch(batch_size)
        #执行优化操作（反向传播）并计算损失（误差）
        _, c = sess.run([optimizer, cost], feed_dict={x: batch_x,
                                                       y: batch_y})

        #计算平均损失
        avg_cost += c / total_batch
    #显示每次训练周期的日志（周期，损失）
    if epoch % display_step == 0:
        print("Epoch:", '%04d' % (epoch + 1), "cost=", \
            "{:.9f}".format(avg_cost))
print("Optimization Finished!")
#计算正确预测的次数，以评估模型
correct_prediction = tf.equal(tf.argmax(pred, 1), tf.argmax(y, 1))
#计算正确预测的比例，即准确率
accuracy = tf.reduce_mean(tf.cast(correct_prediction, "float"))
#输出训练后的模型在 MINIST 测试集上的准确率
print("Accuracy:",
    accuracy.eval({x: mnist.test.images, y: mnist.test.labels}))
```

迭代 15 次后，程序的运行结果如下：

```
Extracting /tmp/data/train-images-idx3-ubyte.gz
Extracting /tmp/data/train-labels-idx1-ubyte.gz
Extracting /tmp/data/t10k-images-idx3-ubyte.gz
Extracting /tmp/data/t10k-labels-idx1-ubyte.gz
Epoch: 0001 cost= 164.817498734
Epoch: 0002 cost= 40.666068114
Epoch: 0003 cost= 25.591717180
Epoch: 0004 cost= 17.983798219
Epoch: 0005 cost= 13.092192702
Epoch: 0006 cost= 9.798853271
Epoch: 0007 cost= 7.398109353
Epoch: 0008 cost= 5.535331551
Epoch: 0009 cost= 4.101235956
Epoch: 0010 cost= 3.087756412
Epoch: 0011 cost= 2.326358028
Epoch: 0012 cost= 1.751735923
Epoch: 0013 cost= 1.393670177
```

Epoch： 0014 cost= 1.147213314

Epoch： 0015 cost= 0.820588248

Optimization Finished！

Accuracy： 0.946

可见，经过 15 次迭代，在测试集上的准确率达到 94.6%。随着迭代次数的增加，准确率还会上升。不过，全连接的多层感知机是有局限性的，即使我们使用很深的网络、很多的隐藏节点、很大的迭代次数，也很难在 MNIST 数据集上达到99%以上的准确率，而且还会使参数出现指数爆炸，训练时间也呈指数级增加。因此，对于类似 MNIST 手写数字识别的计算机视觉问题，通常使用卷积神经网络。

5.8 实验：基于 Keras 多层感知机的 MNIST 手写数字识别

前面介绍了两种多层感知机的实现和训练方法。其实 TensorFlow 还提供了一个用于构建和训练深度学习模型的高级 API：Keras。本节以实验的形式帮助读者学习一种创建和训练多层感知机模型的方法，即使用 Keras 创建并训练多层感知机模型，以解决 MNIST 手写数字识别的问题。

5.8.1 Keras 简介

Keras 是一个用 Python 编写的高级神经网络 API，具有以下优势。

1．易学易用

Keras 具有针对常见用例做出优化的简单且一致的 API。它可针对用户错误提供切实可行的清晰反馈。这使得 Keras 用户的工作效率更高，能够比竞争对手更快地尝试更多创意。

2．模块化和可组合

将配置的构造块连接在一起，就可以构建 Keras 深度神经网络模型，并且几乎不受限制。

3．易于扩展

可以编写自定义构造块以表达新的研究创意，并且可以创建新层、损失函数和开发更加先进的模型。

4．与 TensorFlow 无缝集成

Keras 虽然易用，但并不以降低灵活性为代价。因为 Keras 与底层深度学习框架（特别是 TensorFlow）集成在一起，所以它可以实现任何可以用基础语言编写的东西。特别是，tf.keras 作为 Keras API，可以与 TensorFlow 工作流无缝集成。

5．被工业界和学术界广泛使用

Keras 作为一款高效且用户友好的深度学习框架，在工业界和学术界都受到了广泛的使用与认可。其简洁直观的 API 使开发者和研究人员能够快速地构建、训练深度学习模型。无论是图像识别、自然语言处理还是其他复杂任务，Keras 都能提供强大的支持。

其强大的功能及易用性使它成了工业界和学术界不可或缺的工具。

6．模型易于部署

与其他深度学习框架相比，Keras 模型可以在更广泛的平台上轻松部署，例如：

（1）iOS 上的 Apple's CoreML（苹果为 Keras 提供官方支持）；

（2）Android 上的 TensorFlow Android 运行时；

（3）浏览器中，通过 GPU 加速的 JavaScript 运行时，如 Keras.js 和 WcbDNN；

（4）Google Cloud 上的 TensorFlow-Serving；

（5）Python WebApp 后端（比如 Flask App）；

（6）在 JVM 上，通过 SkyMind 提供的 DL4J 模型导入；

（7）在 Raspberry Pi（树莓派）上。

7．可在各种硬件平台上训练

Keras 模型可以在除 CPU 之外的不同硬件平台上训练，如 NVIDIA GPU、Google TPU、支持 OpenCL 的 GPU 等。

5.8.2　实验目的

（1）了解 Keras 的基本用法。

（2）理解多层感知机的相关概念和工作原理。

（3）掌握如何使用 Keras 实现多层感知机神经网络模型。

（4）掌握如何使用 Keras 和 MNIST 数据集训练、测试、评估模型，以实现手写数字识别。

5.8.3　实验要求

本次实验后，要求学生能够：

（1）熟悉 Keras API 的基本用法。

（2）熟悉 Keras 多层感知机模型的构建、编译、训练、测试和评估过程。

（3）了解 Keras 模型的存储和恢复方法。

5.8.4　实验步骤

本实验的实验环境为 TensorFlow 1.11+Keras 2.1+Python 3.5，具体的步骤如下。

1. 导入 tf.keras

tf.keras 是 TensorFlow 实现的 Keras API 规范。这是一个用于构建和训练模型的高级 API，其中包括对 TensorFlow 特定功能的一流（First-class）支持，如急切执行（Eager Execution）、tf.data 数据管道和 Estimators。tf.keras 使 TensorFlow 更易于使用，而不会牺牲灵活性和性能。

要使用 Keras，应导入 tf.keras 作为 TensorFlow 程序的一部分：

```
#导入 TensorFlow 模块
import  tensorflow  as  tf
```

```
#导入 tf.keras
from tensorflow import keras
```

2. 准备 MNIST 数据集

MNIST 数据集已经成为 Keras 的标准数据集，导入 Keras 后，可以直接加载使用，方便开发人员和研究人员训练、验证及测试模型。

```
mnist = tf.keras.datasets.mnist
#加载训练集和测试集（灰度手写图像样本）
# keras.datasets 中 MNIST 数据集分为训练集和测试集
(x_train, y_train), (x_test, y_test) = mnist.load_data()
# MNIST 数据集中手写数字图像大小为 28*28
input_shape = (28, 28)
#归一化，将（0～255）的像素值转化为 0～1 的浮点值
x_train, x_test = x_train / 255.0, x_test / 255.0
```

3. 构建多层感知机模型

在 Keras 中，可以组装层（Layers）来构建模型。模型（通常）就是层图（Graph of Layers），我们可以通过继承 tf.keras.models.Model 类来创建新的神经网络模型类。不过，大多数情况下不需要创建新的模型类，只需使用顺序模型类 tf.keras.Sequential 和各种网络层对象，根据实际需要按顺序堆叠一个模型即可。

（1）顺序模型。最常见的顺序模型类型是层栈（Stack of Layers），即 tf.keras.Sequential 模型。使用顺序模型构建一个完全连接的神经网络（多层感知机）模型非常容易，代码如下：

```
#模型参数
num_classes = 10 #分类个数（0～9 的数字），即输出层的神经元个数
num_hidden_units = 256 #隐藏层的神经元个数
#顺序创建多层感知机模型
model = tf.keras.models.Sequential([
    #输入（Flatten）层，输入为二维的 28*28 的矩阵，平展后得到一维 1*784 的矩阵
    tf.keras.layers.Flatten(input_shape=input_shape),
    #密集（完全）连接（Densly-connected）的隐藏层 1，使用 ReLU 作为激活函数
    tf.keras.layers.Dense(num_hidden_units, activation=tf.nn.relu),
    #密集（完全）连接（Densly-connected）的隐藏层 2，使用 ReLU 作为激活函数
    tf.keras.layers.Dense(num_hidden_units, activation=tf.nn.relu),
    # Dropout 层，Dropout 在训练期间每次更新时随机地将输入中指定部分（0.2）的
    #单元设置为 0，这有助于防止过拟合
    tf.keras.layers.Dropout(0.2),
    #密集（完全）连接的输出层，使用 Softmax 作为激活函数
    tf.keras.layers.Dense(num_classes, activation=tf.nn.softmax)
])
```

（2）网络层的配置。tf.keras.layers 中常见的网络层（平坦层和全连接层）对象的构造函数参数说明如下。

● 第一个参数是必需的，用来指定网络层单元（神经元）的个数。

- activation：设置网络层的激活函数。此参数由内置函数的名称或可调用对象指定。默认情况下，不使用任何激活函数。
- kernel_initializer 和 bias_initializer：用来对网络层权重初始化的程序。此参数是名称或可调用对象。默认使用 "glorot_uniform" 初始化程序。
- kernel_regularizer 和 bias_regularizer：用来对网络层权重正则化的程序，如 L1 或 L2 正则化。默认情况下，不使用正则化。

4. 配置并编译模型

构建模型后，通过调用模型的 compile 方法编译并配置模型，代码如下：

```
model.compile(
    #优化器：梯度下降
    optimizer = keras.optimizers.GradientDescentOptimizer(),
    #损失函数：交叉熵
    loss = keras.losses.categorical_crossentropy,
    #度量指标：准确率
    metrics = ['accuracy']
)
```

tf.keras.Model.compile 方法主要有以下参数。

- optimizer：此对象指定训练过程所使用的学习优化器。可以从 tf.train 模块传递优化器实例作为此参数的值，如 AdamOptimizer、RMSPropOptimizer 或 GradientDescentOptimizer。
- loss：损失函数。常见的选择包括均方差（MSE）、categorical_crossentropy 和 binary_crossentropy。损失函数由名称或通过从 tf.keras.losses 模块传递可调用对象来指定。
- metrices：度量指标，用于监控训练过程。可以使用来自 tf.keras.metrics 模块的字符串名称或可调用对象。

5. 训练和测试模型

编译好模型后，通过调用模型的 fit 方法训练模型，使模型与训练数据拟合：

```
#回调
callbacks = [
    #若 loss 在两个训练迭代中没有改进（损失更小），则提前中止训练
    keras.callbacks.EarlyStopping(patience = 2, monitor = 'loss'),
    #将 TensorBoard 日志写入./logs 目录
    keras.callbacks.TensorBoard(
        log_dir = './logs/mlp', #TensorBoard 日志文件的目录
        histogram_freq = 1, #模型各层激活值和权重的直方图数据的生成频率
        batch_size = 32, #用于直方图计算的批次大小
        write_graph = True, #是否将模型可视化为网络图（这会使日志文件非常大）
        write_grads = True, #是否输出梯度直方图
        write_images = True #是否输出权重为图像
    )
```

```
]
#训练模型以拟合训练数据，并使用测试集验证
model.fit(
    x_train, y_train, #训练数据的（NumPy）数组和目标（标签）的（NumPy）数组
    batch_size = batch_size, #每批包含的样本数
    epochs = epochs, #迭代次数，即在整个数据集上迭代多少次就停止训练
    verbose = 1, #训练过程的日志显示模式（0-安静，1-进度条，2-每轮一行）
    validation_data = (x_test, y_test), #验证集，用来评估损失
    callbacks = callbacks #训练时使用的回调函数
)
```

tf.keras.Model.fit 方法主要有以下参数。

- epochs：训练周期数。一个周期是对整个输入数据的一次迭代（这是以较小的批次完成的）。

- batch_size：当传递 NumPy 数据时，模型将数据分成较小的批次，并在训练期间迭代这些批次。此整数参数指定每个批次的大小。请注意，如果样本总数不能被批量大小整除，则最后一批次可能会小一些。

- validation_data：在对模型进行原型设计时，可根据需要监控其在某些验证数据上的性能。传递这个参数（输入特征和对应标签的元组）允许模型在每个周期结束时以推理模式显示所传递数据的损失和度量指标。

除了上述参数，也可以通过回调自定义和扩展训练过程中的程序行为。可以编写自己的回调，也可以使用内置的 tf.keras.callbacks，具体如下：

- tf.keras.callbacks.ModelCheckpoint：定期保存模型的检查点回调；

- tf.keras.callbacks.LearningRateScheduler：动态改变学习率回调；

- tf.keras.callbacks.EarlyStopping：性能停止改进时的中断训练回调；

- tf.keras.callbacks.TensorBoard：TensorBoard 模型监控回调。

6. 评估和预测

训练完成后，调用模型的 evaluate()和 predict()函数评估模型及预测未分类样本。

```
#评估模型，返回误差和评估标准的值
loss, accu = model.evaluate(x_test, y_test, verbose=0)
#输出评估结果
print ('Test loss:', loss)
print ('Test accuracy:', accu)
#使用测试数据预测未分类样本
model.predict(x_test)
```

经过训练与评估的模型可以保存和恢复，以便用于解决生产环境中的分类问题。有四种保存和恢复的方法：

- model.save_weights()/model.load_weights()：仅保存和恢复权重；

- model.to_json()/model.from_json()：以 JSON 格式保存和恢复模型配置；

- model.to_yaml()/model.from_yaml()：仅以 YAML 格式保存和恢复模型配置；

- model.save()/model.load()：保存和恢复整个模型（HDF5 格式）。

习题

5.1 简述多层感知机的特点。

5.2 试述学习率的取值对多层感知机训练的影响。

5.3 试设计反向传播算法的改进算法，使其能通过动态调整学习率显著提升收敛速度，并修改 5.7.1 节的算法实现，通过实验比较改进效果。

5.4 使用 Keras 编程实现一个卷积神经网络，并在 MNIST 数据集上进行实验测试。

第6章　卷积神经网络实现

卷积神经网络（Convolutional Neural Network，CNN）广泛应用于图像识别、图像分类、自然语言处理、医药发现等各个领域。本章首先介绍 CNN 的工作原理，其次介绍卷积和池化操作的过程，再次使用 TensorFlow 处理 MNIST 数据集，最后介绍 CNN 的各个变种在图像处理中的应用。

6.1　CNN 基本原理

在 CNN 出现之前，对于图像识别，我们要借助 SIFT、HoG 等算法提取区分性的特征，再结合 SVM 等机器学习算法进行识别。但 SIFT 这类算法提取特征是有局限性的，在 ImageNet ILSVRC 比赛中得到最好的错误率是 26%。CNN 可以直接使用图像的原始像素作为输入，不需要将特征提取和分类训练两个过程分开，降低了对图像数据预处理的要求，以及避免了复杂的特征工程。2016 年，GoogleNet 的错误率达到 3.08%，远远低于人眼的识别错误率。

CNN 的概念最早出自 19 世纪 60 年代 David H.Hubel 和 Torsten Wiesel 提出的感受野（Receptive Field），当时其通过对猫的视觉皮层细胞研究发现，每一个视觉神经元只会处理一小块区域的视觉图像。20 世纪 80 年代，日本科学家福岛邦彦（Kunihiko Fukushima）在 Hubel 和 Wiesel 工作的基础上提出神经认知机（Neocogintron）的概念，这可以算作 CNN 最初的实现原型。1984 年，Yann LeCun 完成开拓性成果 LeNet5，并成功用于手写数字字符识别，识别手写邮政编码以分拣邮件和包裹。LeNet5 成为第一个产生实际商业价值的 CNN，奠定了现代 CNN 的基石。LeNet5 模型如图 6-1 所示。

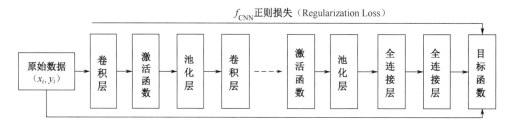

图 6-1　LeNet5 模型

CNN 在图片处理方面比全连接网络要好很多。对于一个 100 像素×100 像素的图片，全连接网络需要的节点数为 100×100×3，第一个隐藏层如果有 1000 个节点，那么将会产生 $3×10^7$ 个权重值，如图 6-2 所示。整个神经网络变得异常庞大和复杂，参数增多除了会导致计算速度变慢，还容易导致过拟合问题。因此，需要一个神经网络来有效减少神经网络中的参数个数。

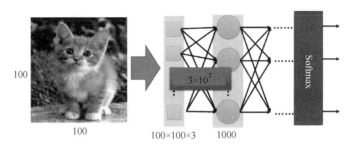

图 6-2 100 像素×100 像素图片的全连接网络

根据对图片的观察，发现图片有一些特征：

（1）许多特征的尺寸比整个图片小得多，比如小鸟的喙在整个图片中所占的尺寸就不大，但是很特殊；

（2）相同的模式出现在不同的区域，比如同样都是小鸟的喙，小鸟的姿势不同，喙在图片中的位置也不同；

（3）减少像素点并不会改变目标形状，比如图片的像素变低，但是还可以看到图片里面的内容。

根据这些特征，CNN 会进行如下操作，如图 6-3 所示。

（1）图像通过多个不同的卷积核进行滤波，并加偏置提取局部特征，每个卷积核映射一个新的 2D 图像。

（2）对前一个输出结果用非线性激活函数 ReLU 进行处理，并进行池化操作，即降低它的分辨率，把 2×2 的图片变成 1×1 的图片。一般采用最大池化，以保留最显著的特征。

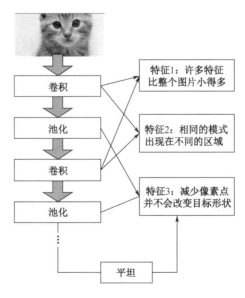

图 6-3 CNN 常用的卷积和池化操作

经过重复的卷积和池化，大大降低了网络的复杂性，减少了参数个数，最后用一个全连接网络来实现对图像的分类或者识别。

6.2 CNN 的卷积操作

在 CNN 中，通常利用一个局部区域扫描整张图像，在这个局部区域的作用下，图像中的所有像素点会被线性变换组合，形成下一层的神经元节点，这个局部区域就是卷积核，我们看一下二维卷积的过程。

如图 6-4 所示，图像数据是 5×5 的二维矩阵，数据为[[1,1,1,0,0]，[0,1,1,1,0]，[0,0,1,1,1]，[0,0,1,1,0]，[0,1,1,0,0]]，使用一个 3×3 的卷积核，数据为[[1,0,1]，[0,1,0]，[1,0,1]]。从左到右、从上到下滑动的过程称为 stride，一个卷积层有两个 stride，分别从上到下，从左到右，步长一般设定为 1。第一个元素 4 的计算方法为（1×1+1×0+1×1）+（0×0+1×1+1×0）+（0×1+0×0+1×1）=2+1+1=4，乘号前面的数来自实际图像数据，乘号后面的数来自卷积核，它们之间做点乘得到了卷积特征。最终，一个 5×5 的图像数据，经过 3×3 卷积核的处理，结果为 3×3 的数据，值为[[4,3,4],[2,4,3],[2,3,4]]。

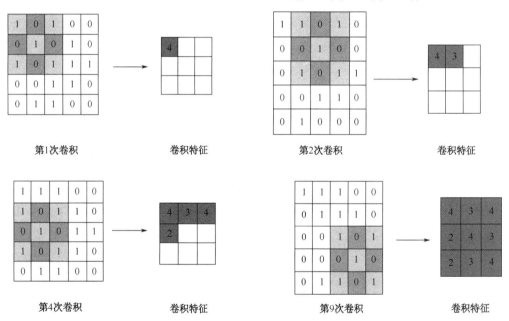

第1次卷积　　　　卷积特征　　　　　　　第2次卷积　　　　卷积特征

第4次卷积　　　　卷积特征　　　　　　　第9次卷积　　　　卷积特征

图 6-4　卷积操作的过程

在 TensorFlow 2.0 中，可以用 tf.nn.conv2d 函数来实现卷积操作。其实现代码为：

```
tf.nn.conv2d(input, filters, strides, padding, data_format='NHWC', dilations=None, name=None)
```

其中，各参数的含义如下。

- input：输入张量，要求是四维的，形状为[batch, height, width, channels]。
- filters：卷积核张量，形状为[filter_height, filter_width, in_channels, out_channels]。其中，filter_height 和 filter_width 表示卷积核的高度和宽度，

　　in_channels 表示输入通道数，out_channels 表示输出通道数。

- strides：表示卷积步长的四维整数列表，形状为 [1, stride_height, stride_width, 1]。其中，stride_height 和 stride_width 表示在高度和宽度上的移动步长。

- padding：表示补零策略的字符串，可选值为 "samc" 或 "valid"。"same"表示在输入的两侧进行补零，使得卷积输出与输入具有相同的空间尺寸；"valid"表示不进行补零，可能会导致输出尺寸减小。

- data_format：数据格式的字符串，可选值为 "NHWC"（默认）或 "NCHW"。"NHWC"表示输入数据的通道维度在最后一个轴上，即 [batch, height, width, channels]；"NCHW"表示通道维度在第二个轴上，即 [batch, channels, height, width]。

- dilations：可选参数，表示卷积核内部元素之间的空洞。默认为 None，表示不使用空洞卷积。

- name：可选参数，操作的名称。

基于 tf.nn.conv2d 函数，下面给出图 6-4 的示例中卷积操作的实现代码和实现效果：

```
import tensorflow as tf #导入 TensorFlow 包
#1 构建输入图像像素矩阵，并用 tf.reshape 将其设置为 1 张 5*5 的 1 通道图片
temp = tf.constant([1,1,1,0,0,0,1,1,1,0,0,0,1,1,1,0,0,1,1,0,0,1,1,0,0], tf.float32)
temp2 = tf.reshape(temp, [1, 5, 5, 1])
#2 构建卷积核，并用 tf.reshape 将其设置为 5*5 的包含 1 个通道、1 个卷积核的张量
filter = tf.constant([1,0,1,0,1,0,1,0,1], tf.float32)
filter2 = tf.reshape(filter, [3, 3, 1, 1])
#3 在矩阵上执行卷积操作
convolution = tf.nn.conv2d(temp2, filter2, [1, 1, 1, 1], padding="VALID")
#4 输出卷积结果
print(convolution)
```

最终输出结果为：

$$[[[[4.][3.][4.]]$$
$$[[2.][4.][3.]]$$
$$[[2.][3.][4.]]]]$$

以上给出了采用函数调用方式实现卷积操作的代码。在 TensorFlow 的 Keras 高阶 API 中，也可以采用 keras layers 方式实现卷积层。其代码如下：

```
tf.keras.layers.Conv2D(
    filters, #卷积核的数量
    kernel_size, #卷积核的大小，如(3, 3)表示使用 3×3 大小的卷积核
    strides=(1, 1), #卷积操作在高度和宽度上的步长，默认为(1, 1)
    padding="valid", #补零策略的字符串，可选值为 "valid" 或 "same"
    activation=None, #激活函数
    ...
)
```

6.3　CNN 的池化操作

池化就是把小区域的特征通过整合得到新特征的过程。与卷积层的过滤器类似，池化层的过滤器也需要人工设定过滤器的尺寸、是否使用全 0 填充及过滤器移动的步长等，常用池化方法有最大池化和平均池化。

最大池化指通过在输入张量上滑动一个窗口并选取窗口内的最大值来执行池化操作。通过不断滑动窗口并选取最大值，可以对输入张量进行下采样，减小特征图的尺寸，提取更显著的特征并减少参数量，从而降低特征图的空间维度。图 6-5 所示为最大池化的操作及结果示例。可以看到，对于 4×4 的原始图像数据，当采用步长为 2、大小为 2×2 的池化核进行最大池化操作时，原始图像待池化的第一部分为 2×2 的矩阵。采用最大池化方式进行池化时，将取第一部分（1,1,5,6）中的最大值（6）作为池化后的值。

平均池化的操作及结果示例如图 6-6 所示。

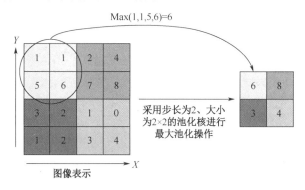

图 6-5　最大池化的操作及结果示例

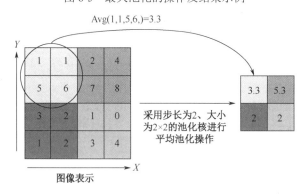

图 6-6　平均池化的操作及结果示例

在 TensorFlow 2.0 中，可以用 tf.nn.max_pool 和 tf.nn.avg_pool 函数来实现池化操作。以最大池化为例，其实现代码为：

```
tf.nn.max_pool(value, ksize, strides, padding, data_format='NHWC', name=None)
```

其中，各参数的含义如下。

- value：输入张量，需要进行最大池化的数据。通常是一个四维张量，形状为 [batch_size, height, width, channels]，其中 batch_size 表示批次大小，height 和 width 表示输入张量的高度和宽度，channels 表示通道数。
- ksize：池化窗口的大小，通常也是一个四维列表，形状为 [batch_size, pool_height, pool_width, channels]。其中 pool_height 和 pool_width 表示窗口的高度和宽度，batch_size 和 channels 通常设为 1。
- strides：窗口移动的步幅，也是一个四维列表。其形状与 ksize 相同，表示在每个维度上的窗口滑动的步幅。
- padding：边界填充的方式，可以为字符串类型的"valid"或"same"。"valid"表示不进行边界填充，"same"表示进行边界填充，使得输出大小与输入大小相同。
- data_format（可选）：指定输入数据的通道维度顺序，可以是字符串类型的 "NHWC"或 "NCHW"。默认为"NHWC"，表示批次维度（N）、高度维度（H）、宽度维度（W）和通道维度（C）的顺序。
- name（可选）：操作的名称。

下面给出一个池化操作的代码示例。

（1）构建待池化的 1 个批次，即高度为 7、宽度为 7 的四维张量：

```
layer_input = tf.constant([
    [
        [[0.77], [-0.11], [0.11], [0.33], [0.55], [-0.11], [0.33]],
        [[-0.11], [1.00], [-0.11], [0.33], [-0.11], [0.11], [-0.11]],
        [[0.11], [-0.11], [1.00], [-0.33], [0.11], [-0.11], [0.55]],
        [[0.33], [0.33], [-0.33], [0.55], [-0.33], [0.33], [0.33]],
        [[0.55], [-0.11], [0.11], [-0.33], [1.00], [-0.11], [0.11]],
        [[-0.11], [0.11], [-0.11], [0.33], [-0.11], [1.00], [-0.11]],
        [[0.33], [-0.11], [0.55], [0.33], [0.11], [-0.11], [0.77]]
    ]
])
```

（2）利用 TensorFlow 中的 max_pool 函数进行池化操作，第一个参数 value 为输入的四维张量，第二个参数 ksize 为池化窗口的大小，batch 和 channels 的大小为 1，height 和 width 的值为 2；第三个参数 strides 为维度上滑动的步长；第四个参数 padding 为"same"（一致填充，图大小被保持）或"valid"（有效填充，图大小被裁剪）。具体如下：

```
pooling = tf.nn.max_pool(layer_input, [1, 2, 2, 1], [1, 2, 2, 1], padding='same')
```

（3）输出卷积结果：

```
print(pooling)
```

输出结果为：

[[[[1.00][0.33][0.55][0.33]]
[[0.33][1.00][0.33][0.55]]
[[0.55][0.33][1.00][0.11]]

$$[[0.33][0.55][0.11][0.77]]$$
$$]]$$

6.4 使用简单的 CNN 实现手写字符识别

了解了卷积和池化的原理之后，本节介绍如何使用 TensorFlow 快速搭建一个简单的 CNN，并将其用于 MNIST 数据集，以实现手写字符的识别。

基于 CNN 的手写字符识别实现过程如下。

（1）导入所需的 TensorFlow 模块：

```
from tensorflow.keras import datasets, models
from tensorflow.keras.layers import Conv2D,MaxPooling2D,Dense,Dropout,Flatten
```

（2）载入 MNIST 数据集，导入 TensorFlow 库，并加载 MNIST 数据集。

在 TensorFlowtf.keras.datasets 中，已经内置了 MNIST 数据集，因此通过代码直接从 TensorFlow 中载入 MNIST 数据集：

```
(x_train, y_train), (x_test, y_test) = tf.keras.datasets.mnist.load_data()
```

（3）对数据进行预处理。

首先，将数据集转换为模型输入所需的格式；然后，对图像数据进行归一化：

```
#将训练集和测试集中 1*784 的一维输入向量转为 28*28 的二维图片结构
#最高维的-1 代表样本数量不固定，最低维的 1 代表颜色通道数，这里表示黑白单色通道
train_images = train_images.reshape(-1, 28, 28, 1)
test_images = test_images.reshape(-1, 28, 28, 1)
#将训练集和测试集的输入向量归一化
train_images = train_images / 255.0
test_images = test_images / 255.0
print(len(train_images),len(test_images))
```

可以看到，数据集中共包含 60000 条训练数据和 10000 条测试数据。

（4）构建 CNN。

本步骤将构建包含两个卷积层、两个池化层和两个全连接层的简单 CNN，用于手写字符的识别，将手写字符图像分类到 0~9 的其中一个数字。首先基于 TensorFlow 构建一个顺序模型，然后将各层依次加入顺序模型中。具体的实现代码如下：

```
#构建顺序模型
model = models.Sequential()
#加入第一个卷积层，卷积核为 3*3
model.add(Conv2D(64, (5, 5), activation='relu', input_shape=(28, 28, 1)))
#加入第二个卷积层
model.add(Conv2D(64, (3, 3), activation='relu'))
#加入最大池化层，池化核为 2*2
model.add(MaxPooling2D((2, 2)))
#加入 Dropout 层
model.add(Dropout(0.5))
#加入平坦层
```

```
model.add(Flatten())
#加入神经元个数为 128 的全连接层
model.add(Dense(128, activation='relu'))
#加入输出层，输出层将输出 0～9 这 10 个数字的概率值
model.add(Dense(10, activation='softmax'))
```

（5）定义优化器、损失函数和度量函数，对构建的模型进行编译：

```
#定义 adam 优化器
optimizer = tf.keras.optimizers.Adam(learning_rate=0.00001)
model.compile(optimizer=optimizer , #采用 adam 优化器
            loss='sparse_categorical_crossentropy', #采用系数分类
            metrics=['accuracy']) #定义模型效果的度量方式
```

（6）基于训练集，对手写字符分类模型进行训练：

```
model.fit(train_images, train_labels, batch_size=64, epochs=10,shuffle=True)
```

（7）基于训练好的模型，对测试集进行测试：

```
test_loss, test_acc = model.evaluate(test_images, test_labels)
print("测试集的准确率为：", test_acc)
```

最终，在测试集上的准确率约为 83.9%。

6.5　AlexNet

在 2012 年举办的 ImageNet 图像识别竞赛上，Alex Krizhevsky 设计的 AlexNet 模型实现了 57.1%的 top-1 准确率和 80.2%的 top-5 准确率。相比于当时的传统机器学习算法，其性能具有极大的提升，这也为后面其他学者研究 CNN 提供了依据。

AlexNet 模型输入的原始图片是大小为 256×256 的彩色三通道图像，如图 6-7 所示。输入层通过随机裁剪获取大小为 227×227 的增广数据集。AlexNet 模型由八个卷积层、三个池化层及三个全连接层构成，随着层次的增加，特征图尺寸逐渐缩小，特征图数目逐渐增加。全连接层的神经元个数为 4096，对应的值是原始图片通过卷积和池化得到的

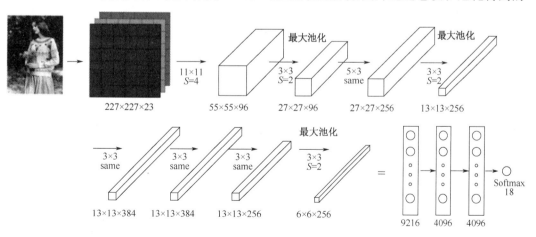

图 6-7　AlexNet 模型结构示意

特征向量，最后送至 Softmax 分类器中，实现对 18 类服装风格的识别。该结构采用 ReLU 激活函数，避免了梯度消失的问题，从而使网络收敛更快。针对网络可能出现过拟合的问题，AlexNet 的提出者使用数据增广、权值衰减及 Dropout 的正则化方法来增加模型的泛化能力。

将 AlexNet 的各模块耦合成一个完整的网络，它可以对输入图片进行像素格式化，并按照 227×227 的格式输入模型，然后对每一幅图像进行卷积、池化等一系列操作，通过计算损失函数和优化算法，定义网络模型的精度，用测试集对参数进行修改等，以提高训练参数的准确度。构建 AlexNet 模型的实现代码如下。

（1）导入所需的 TensorFlow 模块：

```
from tensorflow.keras import datasets, models
from tensorflow.keras.layers import Conv2D,MaxPooling2D,Dense,Dropout,Flatten
```

（2）构建 AlexNet 网络。首先基于 TensorFlow 建立顺序模型，然后按照图 6-7 中各层的参数，将各层加入顺序模型中：

```
model = Sequential()
#第一层卷积和池化
model.add(Conv2D( 96, kernel_size=(11, 11), strides=(4, 4), activation='relu', input_shape=(227, 227, 3)))
model.add(MaxPooling2D(pool_size=(3, 3), strides=(2, 2)))
#第二层卷积和池化
model.add(Conv2D(256, kernel_size=(5, 5), padding='same',activation='relu'))
model.add(MaxPooling2D(pool_size=(3, 3), strides=(2, 2)))
#第三层卷积
model.add(Conv2D(384, kernel_size=(3, 3), padding='same',activation='relu'))
#第四层卷积
model.add(Conv2D(384, kernel_size=(3, 3), padding='same', activation='relu'))
#第五层卷积和池化
model.add(Conv2D(256, kernel_size=(3, 3), padding='same', activation='relu'))
model.add(MaxPooling2D(pool_size=(3, 3), strides=(2, 2)))
#全连接层
model.add(Flatten())
model.add(Dense(4096, activation='relu'))
model.add(Dense(4096, activation='relu'))
model.add(Dense(1000, activation='softmax'))
```

（3）打印构建的 AlexNet 模型：

```
model.summary()
```

打印的结果如图 6-8 所示。

```
Model: "sequential_1"

Layer (type)                    Output Shape            Param #
=================================================================
conv2d_5 (Conv2D)               (None, 55, 55, 96)      34944

max_pooling2d_3 (MaxPooling2    (None, 27, 27, 96)      0

conv2d_6 (Conv2D)               (None, 27, 27, 256)     614656

max_pooling2d_4 (MaxPooling2    (None, 13, 13, 256)     0

conv2d_7 (Conv2D)               (None, 13, 13, 384)     885120

conv2d_8 (Conv2D)               (None, 13, 13, 384)     1327488

conv2d_9 (Conv2D)               (None, 13, 13, 256)     884992

max_pooling2d_5 (MaxPooling2    (None, 6, 6, 256)       0

flatten_1 (Flatten)             (None, 9216)            0

dense_3 (Dense)                 (None, 4096)            37752832

dense_4 (Dense)                 (None, 4096)            16781312

dense_5 (Dense)                 (None, 1000)            4097000
=================================================================
Total params: 62 378 344
Trainable params: 62 378 344
Non-trainable params: 0
```

图 6-8　构建的 AlexNet 模型

6.6　实验：基于 VGG16 模型的图像分类实现

6.6.1　实验目的

（1）了解 CNN 的基本原理。

（2）了解 TensorFlow 的图片预处理方法。

（3）了解 TensorFlow 中 VGG16 模型的构建流程。

（4）了解基于 TensorFlow 微调参数的方法。

（5）运行程序，看到结果。

6.6.2　实验要求

本次实验后，要求学生能：

（1）了解 CNN 的工作原理。

（2）了解如何对图片数据进行预处理。

（3）了解如何构建 VGG16 模型。

（4）了解使用 VGG16 实现图像分类的主要流程。

（5）用代码实现基于 VGG16 的图片分类。

6.6.3　实验原理

VGGNet 是视觉领域竞赛 ILSVRC 在 2014 年的获胜模型，以 7.3%的错误率在 ImageNet 数据集上大幅刷新了前一年 11.7%的纪录。VGGNet 基本上继承了 AlexNet 的思想，并且发扬光大，做到了更深。AlexNet 只用了 8 层网络，而 VGGNet 的两个版本分别使用了 16 层和 19 层网络。

VGGNet 的网络结构十分简洁，整个网络主要由多个卷积层、池化层和全连接层组成，且全部使用了 3×3 的卷积核和 2×2 的池化核，通过不断加深网络结构来提升图片识别的效果。VGGNet 成功构筑了 16~19 层深的 CNN。其中，VGG16 和 VGG19 最为常用。本节采用 VGG16 作为训练实例。

图 6-9 给出了 VGG16 模型的简单结构。

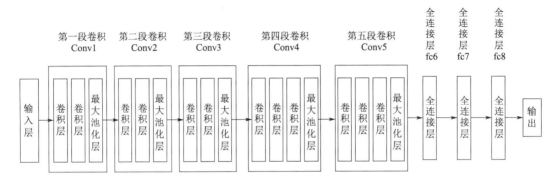

图 6-9　VGG16 模型的简单结构

从图 6-9 中可以看到，VGG16 共有五段卷积，每段卷积内有 2~3 个卷积层，同时每段卷积的尾部都会连接一个最大池化层来缩小图片尺寸，五段卷积之后为三个全连接层，最后通过 Softmax 分类函数对图片的类别进行预测。

在本节实验中，我们以猫狗大战数据集为例，介绍如何基于 TensorFlow 框架搭建一个 VGG16 网络，并将其用于图像自动分类。猫狗大战数据集是知名人工智能竞赛 Kaggle 的一个比赛项目数据集，该项目要求编写一个算法使机器能够区分猫和狗。

6.6.4　实验步骤

在本节实验中，我们需要构建一个 VGG16 网络，并基于 Kaggle 的猫狗大战数据集训练图像分类模型，以便实现对测试图像的自动分类。具体的实现步骤和代码如下（其中，实验环境为 TensorFlow 2.0+Python 3.6）。

1．引入所需要的包

首先，引入实验中所要用到的所有第三方库。

```
import cv2
import os
from PIL import Image
from matplotlib import pyplot as plt
```

```
import numpy as np
import tcnsorflow as tf
```

2. 数据获取

下载猫狗大战数据集。在该数据集中，猫和狗的照片分别存储在不同的文件夹中（见图 6-10）。

Cat　　　　Dog

图 6-10　猫狗大战数据集的结构

在数据获取步骤中，我们定义了 gen_data 函数，用于从两个文件夹中依次读取每张图像，将其大小转换为 224×224×3，并赋予其对应的标签。其中，猫的图像标记为 0，狗的图像标记为 1。其代码如下：

```
cat_dir='./dataset/PetImage/Cat/' #猫图像的存储位置
dog_dir='./dataset/PetImage/Dog/' #狗图像的存储位置
#定义数据获取和图像预处理函数，用于保存图像的数据和对应的标签
def gen_data(file_dir,label):
    """
    由于计算机性能的限制，本实验采用 2000 张图像用于猫狗的分类，其中猫和狗的图像均取
    1000 张。此外，由于数据集中含有少量灰度图像及部分图像存在损坏，因此需要预先删除这
    部分图像
    """
    images=[];#初始化保存图像的列表
    labels=[]; #初始化保存标签的列表
    #读取 file_dir 路径下的所有图像，并进行预处理和存储
    i=0
    for filename in os.listdir(file_dir):
        filepath = os.path.join(file_dir,filename)
        if i<1000: #每个文件夹下获取 1000 张照片
            image = np.array(Image.open(filepath))
            #将照片的大小转换为 VGG16 所需的 224*224
            image=cv2.resize(image,[224,224])
            images.append(image)
            labels.append(label)
        i=i+1
    return images,labels
cat_imgs,cat_labels = gen_data(cat_dir,0)   #得到猫的图像及对应的标签
dog_imgs,dog_labels= gen_data(dog_dir,1) #得到狗的图像及对应的标签
imgs=cat_imgs+dog_imgs #合并猫和狗的图像
labels=cat_labels+dog_labels #合并猫和狗的标签
```

3．数据集划分

我们采用 sklearn 中的 train_test_split 函数将整个数据集划分为训练集和测试集，并打乱图像在数据集中的顺序。其中，训练集和测试集的比例设置为 7:3，即测试集占整个数据集数量的 30%。其实现代码如下：

```
train_images,test_images,train_labels,test_labels=train_test_split(imgs,labels,test_size=0.3,shuffle=True)
print("使用的训练集共有", len(train_images), "张图像" )
print("使用的测试集共有", len(test_images), "张图像" )
```

可以看到，训练集图像数量为 1400 张，测试集为 600 张。我们采用 matplotlib 打印并显示前 6 张照片：

```
"""
0:"飞机",1:"汽车",2:"鸟类",3:"猫",4:"鹿",5:"狗",6:"青蛙",7:"马",8:"船",9:"卡车"
"""
plt.figure(figsize=(16, 8))
for i in range(6):
    plt.subplot(2, 3, i + 1)
    plt.xticks([])
    plt.yticks([])
    plt.grid(False)
    plt.imshow(train_images[i], cmap=plt.cm.binary)
    plt.xlabel(train_labels[i])
plt.show()
```

显示的前 6 张图像如图 6-11 所示。可以看到，第一张图像标签为 0，对应的类别为猫。

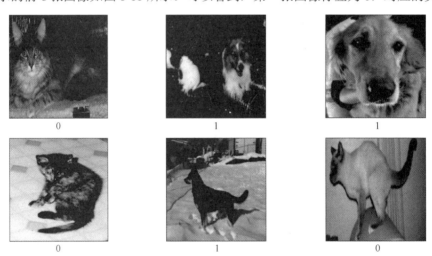

图 6-11　数据集中的图像样例

4．数据格式转换

将训练集和测试集的图像及标签转换为 NumPy 格式，并将图像的标签转换为 one-hot 的形式。

```
#将训练集和测试集的图像及标签转换为 NumPy 格式
```

```
train_images,test_images = np.array(train_images),np.array(test_images)
train_labels,test_labels = np.array(train_labels),np.array(test_labels)
#将标签转换为 one-hot 的形式
train_labels=tf.one_hot(train_labels,2)
test_labcls=tf.one_hot(test_labels,2)
```

5. 定义 VGG16 模型的结构

搭建 VGG16 模型的结构。如前所述，该模型主要包括五个卷积段和三个全连接层。其代码实现如下：

```
#建立顺序模型
model = tf.keras.Sequential()
#第 1 个卷积段，包含 2 个卷积层和 1 个最大池化层
model.add(tf.keras.layers.Conv2D(64, (3, 3), activation='relu', padding='same',
input_shape=(224, 224, 3)))
model.add(tf.keras.layers.Conv2D(64, (3, 3), activation='relu', padding='same'))
model.add(tf.keras.layers.MaxPooling2D(pool_size=(2, 2), strides=(2, 2)))
#第 2 个卷积段，包含 2 个卷积层和 1 个最大池化层
model.add(tf.keras.layers.Conv2D(128, (3, 3), activation='relu', padding='same'))
model.add(tf.keras.layers.Conv2D(128, (3, 3), activation='relu', padding='same'))
model.add(tf.keras.layers.MaxPooling2D(pool_size=(2, 2), strides=(2, 2)))
#第 3 个卷积段，包含 3 个卷积层和 1 个最大池化层
model.add(tf.keras.layers.Conv2D(256, (3, 3), activation='relu', padding='same'))
model.add(tf.keras.layers.Conv2D(256, (3, 3), activation='relu', padding='same'))
model.add(tf.keras.layers.Conv2D(256, (3, 3), activation='relu', padding='same'))
model.add(tf.keras.layers.MaxPooling2D(pool_size=(2, 2), strides=(2, 2)))
#第 4 个卷积段，包含 3 个卷积层和 1 个最大池化层
model.add(tf.keras.layers.Conv2D(512, (3, 3), activation='relu', padding='same'))
model.add(tf.keras.layers.Conv2D(512, (3, 3), activation='relu', padding='same'))
model.add(tf.keras.layers.Conv2D(512, (3, 3), activation='relu', padding='same'))
model.add(tf.keras.layers.MaxPooling2D(pool_size=(2, 2), strides=(2, 2)))
#第 5 个卷积段，包含 3 个卷积层和 1 个最大池化层
model.add(tf.keras.layers.Conv2D(512, (3, 3), activation='relu', padding='same'))
model.add(tf.keras.layers.Conv2D(512, (3, 3), activation='relu', padding='same'))
model.add(tf.keras.layers.Conv2D(512, (3, 3), activation='relu', padding='same'))
model.add(tf.keras.layers.MaxPooling2D(pool_size=(2, 2), strides=(2, 2)))
#平坦层
model.add(tf.keras.layers.Flatten())
#第 1 个全连接层
model.add(tf.keras.layers.Dense(4096, activation='relu'))
#第 2 个全连接层
model.add(tf.keras.layers.Dense(4096, activation='relu'))
#第 3 个全连接层/输出层
model.add(tf.keras.layers.Dense(10, activation='softmax'))
```

模型构建完成之后，可以打印该模型的结构：

```
model.summary()
```

模型打印的效果如图 6-12 所示。

```
Model: "sequential"

Layer (type)                   Output Shape              Param #
=================================================================
conv2d (Conv2D)                (None, 224, 224, 64)      1792

conv2d_1 (Conv2D)              (None, 224, 224, 64)      36928

max_pooling2d (MaxPooling2D)   (None, 112, 112, 64)      0

conv2d_2 (Conv2D)              (None, 112, 112, 128)     73856

conv2d_3 (Conv2D)              (None, 112, 112, 128)     147584

max_pooling2d_1 (MaxPooling2   (None, 56, 56, 128)       0

conv2d_4 (Conv2D)              (None, 56, 56, 256)       295168

conv2d_5 (Conv2D)              (None, 56, 56, 256)       590080

conv2d_6 (Conv2D)              (None, 56, 56, 256)       590080

max_pooling2d_2 (MaxPooling2   (None, 28, 28, 256)       0

conv2d_7 (Conv2D)              (None, 28, 28, 512)       1180160

conv2d_8 (Conv2D)              (None, 28, 28, 512)       2359808

conv2d_9 (Conv2D)              (None, 28, 28, 512)       2359808

max_pooling2d_3 (MaxPooling2   (None, 14, 14, 512)       0

conv2d_10 (Conv2D)             (None, 14, 14, 512)       2359808

conv2d_11 (Conv2D)             (None, 14, 14, 512)       2359808

conv2d_12 (Conv2D)             (None, 14, 14, 512)       2359808

max_pooling2d_4 (MaxPooling2   (None, 7, 7, 512)         0

flatten (Flatten)              (None, 25088)             0

dense (Dense)                  (None, 4096)              102764544

dense_1 (Dense)                (None, 4096)              16781312

dense_2 (Dense)                (None, 10)                40970
=================================================================
Total params: 134 301 514
Trainable params: 134 301 514
Non-trainable params: 0
```

图 6-12   构建的 VGG16 模型的结构

6．模型训练

模型构建完成后，可以基于猫狗大战数据集对模型进行训练。在训练模型时，需要定义训练使用的优化器、损失函数和度量函数，并对模型进行编译和训练。其中，批大小设置为 8，训练次数为 20 次。实现代码如下：

```
#定义优化器
optimizer = tf.keras.optimizers.SGD(learning_rate=0.001)
#编译模型
model.compile(optimizer=optimizer , #采用 adam 优化器
```

```
        loss='categorical_crossentropy', #采用稀疏类别交叉熵损失函数
        metrics=['accuracy']) #定义模型效果的度量方式为准确率
#基于训练数据集，对模型进行训练
model.fit(train_images,train_labels, batch_size=8, epochs=20,shuffle=True))
```

如图 6-13 所示，经过一段时间的训练之后，训练的准确率达到了 84.57%。并且可以看到，随着训练次数的增加，损失函数不断减小，训练准确率不断升高（可以预见，当加大训练集的数量和训练次数时，训练准确率能够进一步提高）。

```
Epoch 14/20
175/175 [==============================] - 21597s 124s/step - loss: 0.5025 - accuracy: 0.7600
Epoch 15/20
175/175 [==============================] - 863s 5s/step - loss: 0.4827 - accuracy: 0.7600
Epoch 16/20
175/175 [==============================] - 865s 5s/step - loss: 0.4564 - accuracy: 0.7871
Epoch 17/20
175/175 [==============================] - 869s 5s/step - loss: 0.4273 - accuracy: 0.8000
Epoch 18/20
175/175 [==============================] - 865s 5s/step - loss: 0.4139 - accuracy: 0.8029
Epoch 19/20
175/175 [==============================] - 871s 5s/step - loss: 0.3869 - accuracy: 0.8279
Epoch 20/20
175/175 [==============================] - 865s 5s/step - loss: 0.3584 - accuracy: 0.8457
```

图 6-13　训练过程展示

7. 模型测试

基于训练好的模型，对测试集进行预测：

```
test_loss, test_acc = model.evaluate(test_images, test_labels)
print("在测试集上的准确率为：", test_acc)
```

根据打印结果可知，在测试集上的准确率约为 70.33%。

习题

6.1　CNN 中使用卷积层的好处有哪些？

6.2　平均池化和最大池化的区别是什么？

6.3　激活函数 ReLU 有哪些优点，它和 Sigmoid 函数有何区别？

6.4　AlexNet 有哪些优点？

6.5　VGG 网络有哪些地方还可以优化？

第 7 章　循环神经网络实现

循环神经网络（Recurrent Neural Network，RNN）是一种常见的神经网络，它源于 1982 年 Sathasivam 提出的霍菲尔德网络。不同于在 MLP 和 CNN 中通常认为特征之间相互独立，RNN 在计算时会考虑特征之间的先后关联，其一般用于处理和预测序列数据，在文本生成、时序数据分析、语音识别及机器翻译等方面具有很多应用。本章将重点对 RNN 的特点、结构进行详细介绍，并在最后给出 RNN 的应用示例。

7.1　RNN 简介

7.1.1　为什么使用 RNN

前面已经介绍了 MLP 和 CNN，这些网络已经广泛用于图像识别、文本分类和情感分析等方面，那么为什么还要使用 RNN 呢？这是由于，无论是 MLP，还是 CNN，它们的前提假设都是：各层的节点之间都是相互独立的，输入与输出也是独立的。

例如，我们考虑一个经典的分类问题——鸢尾花分类。表 7-1 给出了一个鸢尾花数据集的样例。

表 7-1　鸢尾花数据集样例

颜色	外表黏滑	生长地湿润	花萼长度/cm	花萼宽度/cm	花瓣长度/cm	花瓣宽度/cm	种类
红色	是	是	5.1	3.3	1.7	0.5	山鸢尾
蓝色	否	是	5.0	2.3	3.3	1.0	蓝旗鸢尾
绿色	是	否	6.4	2.8	5.6	2.2	维吉尼亚鸢尾
红色	是	是	5.1	3.1	1.8	0.7	山鸢尾
红色	是	否	5.0	3.2	1.9	1.0	山鸢尾
绿色	是	否	6.0	2.0	3.7	1.5	维吉尼亚鸢尾
蓝色	否	是	3.6	2.1	1.7	1.0	蓝旗鸢尾

在该分类问题上，我们通常认为鸢尾花的颜色、外表黏滑、生长地湿润、花萼长度、花萼宽度、花瓣长度、花瓣宽度等任意两个特征之间都是相互独立的，如鸢尾花的颜色与鸢尾花的生长地无关，花萼的长度也不会影响花萼的宽度。假设我们采用前面介绍的人工神经网络来完成该鸢尾花分类问题，构建的人工神经网络模型如图 7-1 所示。

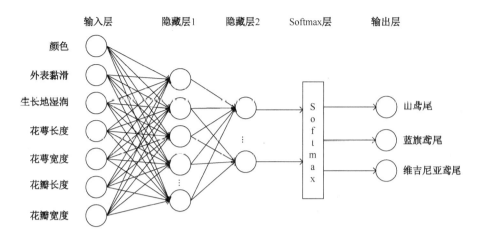

图 7-1　人工神经网络模型

在图 7-1 中，该人工神经网络包含一个输入层和两个隐藏层。对于人工神经网络中的每一层，任意两个特征节点之间都相互独立，在图 7-1 中反映为，任何两个节点之间都不存在边。

尽管这种特征相互独立的模型可以用于解决大部分的问题，但现实世界中，特征之间相互独立的条件并不总是成立的。在很多情况下，特征之间都存在一定的相互关联性。特别是对于一些时序预测问题来说，前面的输入和后面的输入有非常紧密的关系，必须要基于特征之间的序列关联才能完成分析。考虑以下例子。

（1）股票预测问题：股票的价格总随时间不断变化，当我们要预测股票未来的价格时，不仅需要考虑股票当前的价格，还需要了解该股票价格的变化趋势（如上涨、下降和平稳等）。这里，股票的价格趋势就是基于股票之间的关联分析得到的，反映了股票各个时间点的价格之间存在的关联。

（2）文本理解问题：当我们在理解一句话的意思时，孤立地理解这句话的每个词是不够的，我们需要处理这些词连接起来的整个序列；当我们处理视频时，我们也不能只单独去分析每一帧，而要分析这些帧连接起来的整个序列。考虑一个填空题，"我昨天上学迟到了，老师批评了＿＿。"如果需要在这里进行填空，我们都知道应该填"我"，这是我们可以根据上下文的内容推断出来的。

在以上问题中，不管是股票价格的预测，还是文本的理解，我们都要根据特征之间序列的关联进行推断，仅仅依靠相互独立的特征无法推断。这正是 RNN 相对于之前介绍的人工神经网络的特点。RNN 是一种用于时序数据分析的神经网络，它会对前面的信息进行记忆，并应用于当前输出的计算中，即隐藏层之间的节点不再无连接，并且隐藏层的输入不仅包括输入层的输出，还包括上一时刻隐藏层的输出。这种计算方式类似于图 7-2 中计算图的计算方式。

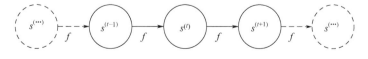

图 7-2　计算图

在该计算图中，每个节点表示在某个时刻 *t* 的状态。而对于 *t*+1 处的状态，则是由 *t* 处的状态通过函数 *f*(.)映射得到的，即 $s^{(t+1)}=f(s^{(t)})$。同样地，$s^{(t)}=f(s^{(t-1)})$，$s^{(t-1)}=f(s^{(t-2)})$，...，$s^{(1)}=f(s^{(0)})$，以此类推。基于此，对于 *t*+1 处的状态，也可以表示为：$s^{(t+1)}=f(f(f...(s^{(0)})))$。可以看到，当前状态包含了整个过去序列的信息，也可以将 *t*+1 的状态简单地理解为对 0 到 *t* 时刻的状态的总结和归纳（如股票中 0 到 *t* 时刻的股票趋势、均价等信息的归纳等）。

7.1.2 RNN 的网络结构及原理

前面我们介绍了 RNN 的特点，下面介绍 RNN 的基本结构及原理。

目前，RNN 的种类较为繁多，典型的 RNN 结构如 7-3 图所示。该 RNN 可以当作具有三层结构的神经网络，它由输入层、一个隐藏层和一个输出层组成，每一层的节点都可按时间序列展开。

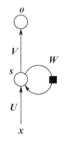

图 7-3 典型的 RNN 结构

第一层为输入层，输入层的值 **x** 为一个向量，包含了时间序列中各个节点上的输入值（如在用于股票预测的 RNN 中，输入值为由已知的各个时间节点上的股票价格组成的向量）。第二层为隐藏层，该层记录了 RNN 的隐藏状态信息，用 **s** 表示，**s** 的值不仅取决于当前的输入 **x**，还取决于上一次隐藏层的值 **s**。第三层为输出层，输出的值为 **o**，表示经过 RNN 计算后所得到的输出（例如，在股票预测中，输出的结果为预测的股票价格信息）。**U**、**V** 和 **W** 分别为各层之间的连接权重矩阵，其中，**U** 是输入层到隐藏层的连接权重矩阵；**V** 是隐藏层到输出层的连接权重矩阵，而 **W** 为隐藏层的上一隐藏状态到这一隐藏状态的连接权重矩阵。

如果我们把图 7-3 展开，RNN 也可以表示为图 7-4 中的样式。

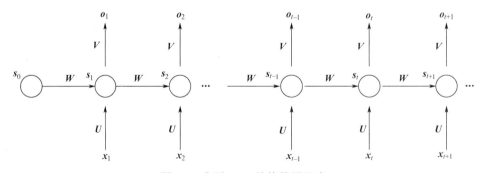

图 7-4 典型 RNN 结构的展开式

在图 7-4 中，在每一时刻，RNN 会根据当前时刻的输入结合上一时刻生成的模型的状态生成当前时刻的输出，并更新模型在当前时刻的状态。例如，在时刻 t，RNN 会在读取了 t 时刻的输入 x_t 和 $t-1$ 时刻的状态 s_{t-1} 之后，生成 t 时刻的输出值 o_t，并更新当前时刻 t 的新隐藏状态 s_t。其中，$t-1$ 时刻的状态 s_{t-1} 浓缩了前面的输入序列 $x_0, x_1, x_2, ..., x_{t-1}$ 的信息，用于作为输出 o_t 的参考（如在股票预测中，s_{t-1} 浓缩了 0 到 $t-1$ 时刻的股票均价、发展趋势等信息的记忆，作为预测未来股票价格的参考）。

类似于 CNN，RNN 为了获得可计算性，同样采用了参数共享的思想。但不同于 CNN 在不同的空间位置共享参数，RNN 是在不同的时间位置共享参数，从而能够使用有限的参数处理任意长度的序列（在图 7-4 中表现为，每个时刻的输入值与状态值之间的连接权重矩阵均为 U，状态值与输出值之间的连接权重矩阵均为 V，当前状态值与上一状态值之间的连接权重矩阵均为 W）。由于 RNN 中的运算和变量在不同时刻是相同的，因此理论上 RNN 可以被看作同一神经网络结构被无限复制的结果。

整个 RNN 从特定的初始状态 $s^{(0)}$ 开始向前传播。从 1 到 $t+1$ 的每个时间步，我们根据连接各层之间的权重矩阵，对各个时间节点上的隐藏状态和输出值进行计算并更新。如前所述，在每一时刻，RNN 会根据当前时刻的输入结合上一时刻生成的模型的状态生成当前时刻的输出，并更新模型在当前时刻的状态。

在时刻 t，根据各层之间的连接权重矩阵，RNN 的状态值 s_t 和输出值 o_t 按照以下公式更新。

（1）状态值 s_t：

$$s_t = \tanh(b + Ws_{t-1} + Ux_t)$$

式中，U 为 t 时刻的输入值与状态值之间的连接权重矩阵；W 为 t 时刻的状态值与 $t-1$ 时刻的状态值之间的连接权重矩阵；b 为偏移量。

（2）输出值 o_t：

$$o_t = \sigma(c + Vs_t)$$

式中，t 时刻的状态值与 t 时刻的输出值之间的连接权重矩阵均为 V；c 为偏移量；σ 为 Softmax 激活函数。

由（1）可以看出，RNN 在 t 时刻的状态值与上一时刻的状态值和当前时刻的输入值相关，其中，$b+Ws_{t-1}$ 表明了上一时刻的状态值对当前状态值的影响，而 Ux_t 则表明了当前时刻的输入值对当前时刻状态的影响，一般采用 tanh 函数作为状态值的激活函数。同样地，对于（2）中 t 时刻的输出值，由于其根据 t 时刻的状态值计算得到，因此，同样与上一时刻的状态值和当前时刻的输入值相关，且对于 RNN 中的输出值，一般采用 Softmax 函数作为输出值的激活函数。RNN 从 1 到 t 依次进行前向传播，即可得到各个时刻的状态值和输出值。

为了更加明了地描述 RNN 的前向传播过程，图 7-5 展示了一个 RNN 前向传播的具体计算示例。

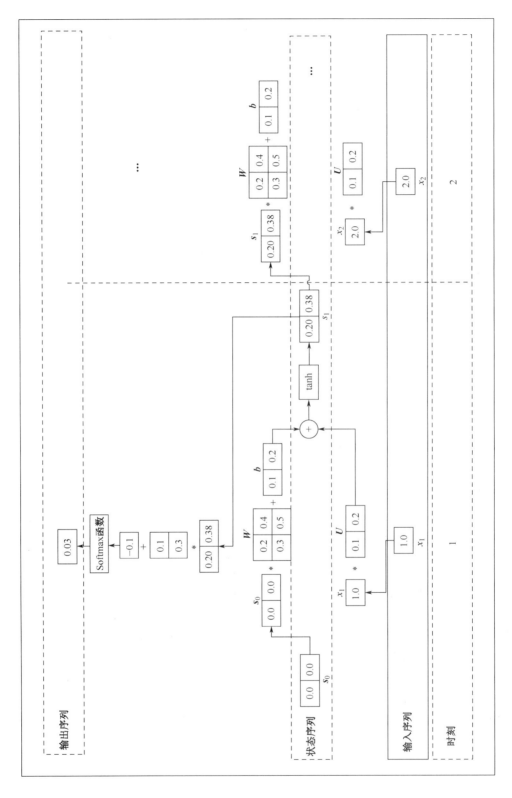

图7-5 KNN前向传播具体计算示例

在图 7-5 中，假设状态的维度为 2，输入、输出的维度为 1，且循环体中的全连接层中的权重分别为：

$$W = \begin{bmatrix} 0.2 & 0.4 \\ 0.3 & 0.5 \end{bmatrix}$$

$$b = [0.1, 0.2]$$

$$U = [0.1, 0.2]$$

$$V = \begin{bmatrix} 0.1 \\ 0.3 \end{bmatrix}$$

$$c = [-0.1]$$

初始状态 $s_0 = [0.0, 0.0]$ ，RNN 从 1 到 t 进行前向传播。在 1 时刻，有：

$$s_1 = \tanh\left([0.1, 0.2] + [0.1 \quad 0.2] * \begin{bmatrix} 0.2 & 0.4 \\ 0.3 & 0.5 \end{bmatrix} + 1.0 * [0.1 \quad 0.2] \right) = [0.20 \quad 0.38]$$

$$o_1 = \text{softmax}\left([-0.1] + [0.20 \quad 0.38] * \begin{bmatrix} 0.1 \\ 0.3 \end{bmatrix} \right) = 0.03$$

同样地，在 2 时刻，继续按照该计算过程计算 RNN 的状态值和输出值，直到得到 RNN 上各个时间节点的状态值和输出值，RNN 前向传播结束。

7.1.3　RNN 的实现

在 TensorFlow 2.0 版本中，已经对 RNN 进行了实现，因此构建 RNN 的方法非常简单，我们可以通过以下函数建立简单 RNN 的网络结构：

```
tf.keras.layers.SimpleRNN(
    units, activation='tanh', use_bias=True, kernel_initializer='glorot_uniform',
    recurrent_initializer='orthogonal', bias_initializer='zeros',
    kernel_regularizer=None, recurrent_regularizer=None, bias_regularizer=None,
    activity_regularizer=None, kernel_constraint=None, recurrent_constraint=None,
    bias_constraint=None, dropout=0.0, recurrent_dropout=0.0,
    return_sequences=False, return_state=False, go_backwards=False, stateful=False,
    unroll=False, **kwargs
)
```

其中，units 为输出向量的维度；activation 为要使用的激活函数，默认为'tanh'；use_bias 表示 RNN 中是否使用偏置项；kernel_initializer 为隐藏层连接权重矩阵的初始化方式；recurrent_initializer 为循环核的初始化方法；kernel_regularizer、bias_regularizer、recurrent_regularizer 和 activity_regularizer 分别为施加在权重、偏置向量、循环核和输出上的正则项；kernel_constraints、recurrent_constraints 和 bias_constraints 分别为施加在权重、循环核和偏置上的约束项；dropout 用于控制输入线性变换的神经元断开比例；recurrent_dropout 用于控制循环状态的线性变换的神经元断开比例；return_sequences 表示返回值为序列中的最后一个输出还是完整序列；return_state 表示是否返回最后一个隐藏层的状态；go_backwards 为布尔值（默认为 False），如果为 True，则向后处理输入序列并返回相反的序列；stateful 表示是否将批次中索引为 i 的每个样本的最后状态用作下一个批次中索引为 i 的样本的初始状态；unroll 表示是否展开网络。

我们可以用以下代码建立一个简单的 RNN 结构：

```
import tensorflow as tf
rnn=tf.keras.layers.SimpleRNN(100,dropout=0.3)
```

7.2　长短时记忆网络

7.2.1　长期依赖问题

RNN 的核心特点之一就是它可以对之前的信息进行记忆，并用于对未来的发展进行分析和推测。例如，在观看电影时，可以根据之前的电影视频片段来判断接下来的剧情走势。如果我们能够将之前的故事剧情全部毫不遗漏地记下来，必然能对未来的剧情发展进行较为准确的推演。然而，在很多时候，我们并不能记住之前发生的所有情节，而往往只能记住最近几分钟之内发生的剧情。这无疑给推演未来的剧情发展带来了较大的困难。

通常情况下，我们可能会遇到两种情形：

（1）当需要用于剧情推演的剧情片段距离当前时间较近时，我们并不需要对之前所有的剧情进行记忆，而只需要对最近几分钟的剧情进行记忆，便可以根据当前的记忆进行准确的剧情推演（这种情况 RNN 可以解决）。

（2）当需要用于推演剧情的剧情片段距离当前时间较远时，在我们很可能忘记了部分之前电影片段的情况下，可能无法准确推演未来的剧情发展。

RNN 在传播过程中会遇到类似的问题。在 RNN 中，$t-1$ 时刻的状态 h_{t-1} 浓缩了前面的输入序列 x_0, x_1, x_2, $\cdots$, x_{t-1} 的信息，即 h_{t-1} 对 x_0, x_1, x_2, $\cdots$, x_{t-1} 的输入序列的信息进行了较长距离的复制和压缩，由于不断地对前面的信息进行浓缩，因此不可避免地会造成部分信息丢失或遗忘，从而失去对之前的信息进行记忆的能力。实际上，我们可以很清楚地看到，在图 7-5 中，我们采用了二维的状态信息来存储之前输入序列的所有信息，并依据时刻依次进行传输（如 h_1 的状态就相当于浓缩了 x_1 的输入序列的信息）。当之前时刻的序列较短时，二维的状态序列还能够保存一定程度上的信息量，而当之前时刻的序列较长时（如 $t=10000$ 时），希望用二维的状态信息来保存 x_1, x_2, $\cdots$, x_{10000} 的序列信息无疑是不太现实的。RNN 在传播过程中必然会丢失信息，这种问题被称为长期依赖问题。

所谓的长期依赖是指，当前系统的状态可能受很长时间之前系统状态的影响，因此预测结果要依赖很长时间之前的信息。尽管在理论上，通过调整参数，RNN 可以学习到较早之前的信息。但在实践中，这些较早时间的信息很难被 RNN 学习到。RNN 将会丧失学习时间间隔较长的信息的能力，导致长期记忆失效。其根本问题是，经过许多阶段传播后的梯度倾向于消失（大部分情况）或爆炸（很少，但对优化过程影响很大）。梯度爆炸问题是很好解决的，可以使用梯度修剪（Gradient Clipping），即当梯度向量大于某个阈值时，缩放梯度向量。但梯度消失问题是很难解决的。

由于 RNN 只能记忆较少部分之前的信息，因此关于所需要记忆信息的选择非常重要。正如上例中，当用于推演剧情发展的剧情片段距离当前时间较近时，我们只需要记住最近几分钟的剧情，并遗忘之前发生的剧情；而当用于推演剧情发展的剧情片段距离当前时间较远时，我们需要对部分之前的剧情片段进行记忆，最近几分钟的剧情可以被遗忘。这就需要一种机制来完成对信息的控制，使得 RNN 可以决定哪些信息需要被保存，哪些信息需要被遗忘。

7.2.2　长短时记忆网络

解决长期依赖问题有很多方法，其中长短时记忆网络（LSTM）是最为常用的一个。LSTM 是一种特殊的 RNN 类型，可以学习长期依赖信息。LSTM 由 Hochreiter 和 Schmidhuber 于 1997 年首次提出，并在后来被 Alex Graves 进行了改良和推广。在很多问题，LSTM 都取得相当大的成功，并得到了广泛的使用。

LSTM 解决长期依赖问题的关键在于使用了"门"结构，"门"结构的采用可以让信息有选择性地影响 RNN 中每个时刻的状态（浓缩的记忆），即当状态信息在进行前向传播时，选择哪些信息需要被记忆，哪些信息需要被遗忘，从而在预测时，不会因丢失了重要信息而对预测结果的准确性产生影响。所谓的"门"结构，就是将一个使用 Sigmoid 函数的神经网络和一个按位做乘法操作结合在一起。之所以该结构叫作"门"，是因为使用 Sigmoid 作为激活函数的全连接神经网络会输出一个 0～1 的数值，描述当前输入有多少信息量可以通过这个结构。于是，这个结构的功能就类似于一扇门，当"门"打开时（神经网络层输出为 1 时），全部信息都可以通过；当"门"关上时（神经网络层输出为 0 时），所有的信息都不能通过。

图 7-6 给出了 LSTM 中"门"结构的作用示意。可以看到，LSTM 的每个单元中使用的门结构包括三种：遗忘门、输入门和输出门。

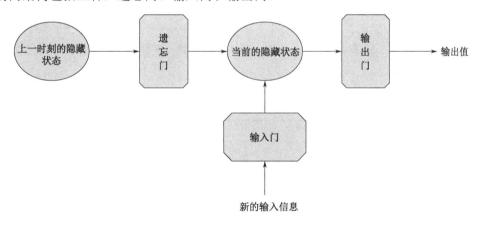

图 7-6　"门"结构的作用示意

1. 遗忘门

遗忘门位于上一时刻的隐藏状态与当前的隐藏状态之间，其作用是让 RNN 忘记之前没有用的信息，即将之前浓缩记忆中的无用信息过滤掉。例如，在电影的剧情预测中，让 RNN 忘记与后面剧情发展无关的片段。

2. 输入门

在 RNN "忘记"了部分之前的状态后，它还需要从当前的输入补充最新的记忆。输入门位于当前的输入信息与当前的隐藏状态之间，其作用是决定有多少信息可以加入记忆中。例如，在电影的剧情预测中，选择哪些新的剧情片段需要被记忆，并将其加入记忆中（RNN 的状态信息中）。

3. 输出门

最终，我们需要确定输出什么值。输出门位于当前的隐藏状态与输出值之间，其作用是根据当前的记忆决定当前的输出。例如，在电影的剧情预测中，我们根据当前所有记住的剧情信息，对下一时刻可能的剧情进行预测。

为了详细说明 LSTM 的运行过程，图 7-7 给出了 LSTM 的详细结构和传输过程的示意。

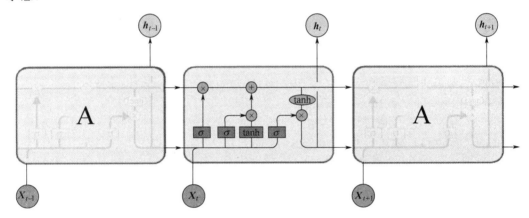

图 7-7　LSTM 的详细结构和传输过程的示意

为了清楚地介绍 LSTM 的计算过程，表 7-2 给出图 LSTM 传输过程图中各种符号的含义。

表 7-2　符号的含义

符号	▭	⬤	→	⋟	⋎
含义	神经网络层	pointwise 操作	向量传输	连接	复制

在表 7-2 中，每一条直线传输着一整个向量，从一个节点的输出到其他节点的输入；圆圈代表 pointwise 操作，如向量的和、点乘及 tanh 函数操作等；矩形表示学习到的神经网络层；合在一起的线表示向量的连接；分开的线表示内容被复制，然后分发到不同的位置。

依据以上符号，下面我们将逐步介绍 LSTM 的整个传输过程。

第一步：决定丢弃的信息。

在 RNN 中的任意时刻 t，t 时刻的状态浓缩了 $0\sim t-1$ 时刻所有输入的浓缩记忆。状态值的维度有限，不可能保存所有的信息。为了让 RNN 的状态值保存最有价值的信息，过滤掉无用的信息，我们首先需要决定从 RNN 上一时刻的浓缩记忆中（上一时刻的状态信息）中丢弃哪些信息及保留哪些信息。这个决定通过"遗忘门"完成。

图 7-8 给出了决定丢弃的信息的过程示意。如图 7-8 所示，"遗忘门"会根据当前的输入 x_t、上一时刻的状态 C_{t-1} 及上一时刻的输出 h_{t-1} 共同决定哪一部分记忆需要被遗忘，哪一部分记忆需要被保留。该门会读取上一时刻的输出 h_{t-1} 和当前时刻的输入 x_t，并基于这两者生成一个与状态向量维度相同的向量 f_t。其计算公式为：

$$f_t = \sigma(W_f \cdot [h_{t-1}, x_t] + b_f)$$

式中，W_f 为 h_{t-1} 和 x_t 到状态层的连接权重矩阵；b_f 为固定变量，σ 为对应的激活函数，一般为 Sigmoid 函数。

f_t 的每一位都为 $0\sim 1$ 的数值，且与 $t-1$ 时刻的状态向量 C_{t-1} 的每一位相互对应，以指明状态 C_{t-1} 的每一位要保留的信息量的比例。也就是说，f_t 指明了上一时刻的记忆 C_{t-1} 中的每一位各有多少比例的记忆需要被保留。当 f_t 的对应位的值为 1 时，表示该位的信息需要"完全保留"；当对应位的值为 0 时，表示该位的信息被"完全舍弃"。因此，通过 $C_{t-1} \circ f_t$（$\circ$ 表示矩阵元素逐个相乘）即可得到需要保留的整个状态信息（需要保留的记忆）。

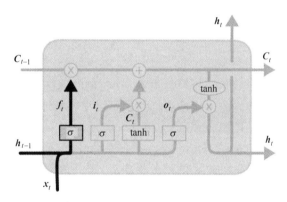

图 7-8　决定丢弃的信息的过程示意

第二步：确定需要被更新的信息。

在有选择地过滤掉无用的信息之后，我们需要将新的信息加入 RNN 的状态中。同样，由于 RNN 能够保留的记忆有限，我们必须有选择地将新的信息加入 RNN 的状态（浓缩的记忆）。这个将新的信息有选择地加入状态的过程需要借助"输入门"完成。

图 7-9 给出了确定待更新信息的过程示意。从图 7-9 中可以看到，该过程包含两个部分：①决定哪些部分的信息需要更新；②生成备选的用来更新的内容的向量。对于第一部分，通常基于上一时刻的输出 h_{t-1} 和当前时刻的输入 x_t，并采用一个 Sigmoid 层（图 7-9 中表示为 σ，即"输入门"）生成向量 i_t，用来表示待更新信息的哪些部分需要更新，i_t 的计算公式为：

$$i_t = \sigma(W_i \cdot [h_{t-1}, x_t] + b_i)$$

式中，W_i 为 h_{t-1} 和 x_t 到状态层的连接权重矩阵；b_i 为偏移量；σ 为 Sigmoid 函数。

对于第二部分，则基于上一时刻的输出 h_{t-1} 和当前时刻的输入 x_t，并采用 tanh 层创建一个待更新的候选信息的向量 $\tilde{C}_t$，该向量根据 i_t 中指明的待更新信息的部分有选择地加入状态中。生成待更新的候选信息 $\tilde{C}_t$ 的计算公式为：

$$\tilde{C}_t = \tanh(W_C \cdot [h_{t-1}, x_t] + b_C)$$

式中，W_C 为 h_{t-1} 和 x_t 到状态层的连接权重矩阵；b_C 为偏移量。

根据待更新信息的向量 i_t 和待更新的候选信息 $\tilde{C}_t$，通过 $i_t \circ \tilde{C}_t$ 即可得到在 t 时刻需要被加入状态（t 时刻的记忆）中的信息。

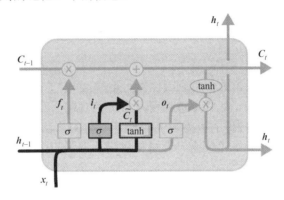

图 7-9　确定待更新信息的过程示意

第三步：更新当前时刻的状态。

通过第一步和第二步，我们已经可以得到 $t-1$ 时刻的哪些记忆需要被保留，以及 t 时刻的哪些输入信息需要被加入，基于两者，我们可以很容易地得到 t 时刻的状态 C_t，即在 t 时刻 LSTM 拥有的记忆信息。

如图 7-10 所示，t 时刻的状态 C_t 包含 $t-1$ 时刻保留下来的状态和 t 时刻有选择地加入的新信息两部分，因此我们通过将两部分相加对 t 时刻的状态 C_t 进行更新，其计算公式为：

$$C_t = f_t \circ C_{t-1} + i_t \circ \tilde{C}_t$$

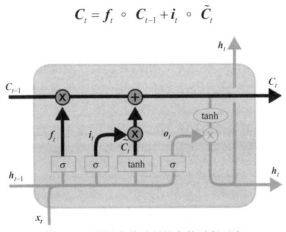

图 7-10　更新当前时刻状态的过程示意

第四步：输出信息。

得到 t 时刻的状态 C_t 之后，我们还需要确定当前时刻需要输出什么值。这个部分需要借助"输出门"完成。

图 7-11 给出了输出信息的过程示意。从图 7-11 中可以看到，该过程包含两个部分：①把当前的状态用 tanh 函数处理，得到一个 -1～1 的值；②确定 t 时刻的状态信息的哪些部分将被输出，生成 t 时刻的输出值。

对于第一部分，运行一个 tanh 层对 t 时刻的状态 C_t 进行处理，得到一个 -1～1 的值，即 $\tanh(C_t)$；对于第二部分，我们基于上一时刻的输出 h_{t-1} 和当前时刻的输入 x_t，并采用一个 Sigmoid 层（图 7-11 中表示为 σ，也即"输出门"）生成向量 o_t，用来表示状态 C_t 中的哪些部分需要被输出。o_t 的计算公式为：

$$o_t = \sigma(W_o[h_{t-1}, x_t] + b_o)$$

式中，W_o 为 h_{t-1} 和 x_t 到状态层的连接权重矩阵，b_o 为偏移量，σ 为 Sigmoid 函数。

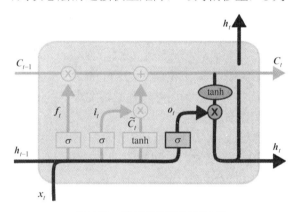

图 7-11　输出信息的过程示意

最后，我们根据处理后的状态值 $\tanh(C_t)$ 和表示状态中的哪些部分需要被输出的向量 o_t 来确定 t 时刻的输出值。由于 LSTM 仅仅会输出状态信息中我们确定输出的那部分信息，因此将 $\tanh(C_t)$ 与输出门得到的向量 o_t 相乘，得到 t 时刻的输出值 h_t。其计算公式表示为：

$$h_t = o_t \circ \tanh(C_t)$$

按照以上四个步骤，每个 LSTM 单元会依次计算各个时刻的状态值和输出值，直到循环结束。

7.2.3　LSTM 的实现

与 SimpleRNN 类似，TensorFlow 2.0 版本中也对 LSTM 进行了实现。建立 LSTM 结构所采用的函数如下：

```
tf.keras.layers.LSTM(
    units, activation='tanh', recurrent_activation='sigmoid', use_bias=True,
    kernel_initializer='glorot_uniform', recurrent_initializer='orthogonal',
    bias_initializer='zeros', unit_forget_bias=True, kernel_regularizer=None,
```

```
recurrent_regularizer=None, bias_regularizer=None, activity_regularizer=None,
kernel_constraint=None, recurrent_constraint=None, bias_constraint=None,
dropout=0.0, recurrent_dropout=0.0, implementation=2, return_sequences=False,
return_state=False, go_backwards=False, stateful=False, time_major=False,
unroll=False, **kwargs
)
```

LSTM 中的参数与 SimpleRNN 类似，因此这里不再重复说明。

我们可以用以下代码建立一个 LSTM 结构：

```
import tensorflow as tf
lstm=tf.keras.layers.LSTM(200,dropout=0.2)
```

7.3 双向 RNN

在传统的 RNN 中，状态的传输是 0 到 t 时刻从前往后依次进行的。在 t 时刻，RNN 的状态对之前的信息进行了记忆，因此，我们可以根据前面的信息（表现为 $t-1$ 时刻的状态）对之后信息的可能内容（t 时刻的输出）进行推断。然而，在很多问题上，当前时刻的输出不仅和之前的状态（实际上也就是浓缩的信息）有关，也和之后的状态（信息）有关，因此必须结合前后的信息才能对问题的答案进行判断。

例如，考虑下面这道简单的填空题。

北京是_____的首都。

我们很清楚北京是中国的首都，因此可以很快速地在横线上填上"中国"。直观上，在填空的过程中，我们不仅接收到了"北京"这个信息，还使用了"首都"这个信息，并将"北京"和"首都"两个概念结合起来完成填空。试想，如果我们只看到"北京是_____"就急匆匆地给出自己的答案，那答案可能是五花八门的，如"北京是一座古城，有许多名胜古迹。""北京是我国的政治、经济、文化中心。""北京是一座古老与现代并存的大都市。"由此可以看出，在该问题上，仅仅依靠前向的信息不可能得到正确的答案，只有结合前后的信息（"北京"和"首都"）才能给出正确答案。这时，就需要使用双向 RNN。

7.3.1 双向 RNN 的结构及原理

双向 RNN 是具有两个方向同时传播功能的 RNN。双向 RNN 的结构非常简单，即将两个方向相反的单向 RNN 结合起来。图 7-12 给出了双向 RNN 的结构示意。

在图 7-12 中可以看到，双向 RNN 共包括四层：输入层、前向传输层、后向传输层和输出层。与基本的 RNN 结构相同，输入层和输出层分别对应整个神经网络的输入序列和输出序列。正向传输层和反向传输层则为方向相反的两个状态层，分别对应神经网络正向和反向传输生成的状态。其中，t 时刻正向传输生成的状态由 t 时刻的输入和 $t-1$ 时刻的正向传输状态共同决定，而 t 时刻的反向传输生成的状态则由 t 时刻的输入和 $t+1$ 时刻的反向传输状态共同决定。

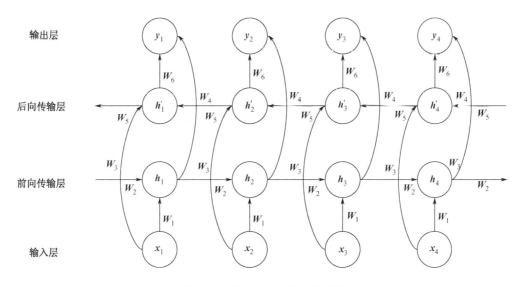

图 7-12　双向 RNN 的结构示意

因此，对于 t 时刻的正向传输的网络状态 $\boldsymbol{h}_t$，其计算公式为：

$$\boldsymbol{h}_t = f(\boldsymbol{W}_1\boldsymbol{x}_t + \boldsymbol{W}_2\boldsymbol{x}_{t-1})$$

式中，$\boldsymbol{W}_1$ 是输入层到正向传输的网络状态层的连接矩阵；$\boldsymbol{W}_2$ 是正向传输的网络状态层之间的连接矩阵；$\boldsymbol{h}_{t-1}$ 是正向传输的 $t-1$ 时刻的状态；$f(.)$是状态层的激活函数，一般采用 tanh 函数。

同样地，对 t 时刻的反向传输的网络状态 $\boldsymbol{h}'_t$，其计算公式为：

$$\boldsymbol{h}'_t = f(\boldsymbol{W}_3\boldsymbol{x}_t + \boldsymbol{W}_5\boldsymbol{h}'_{t+1})$$

式中，$\boldsymbol{W}_3$ 是输入层到后向传输的网络状态层的连接矩阵；$\boldsymbol{W}_5$ 是正向传输的网络状态层之间的连接矩阵；$\boldsymbol{h}_{t-1}$ 是正向传输的 $t-1$ 时刻的状态；$f(.)$是状态层的激活函数。

类似于传统的 RNN，双向 RNN 的输出 $\boldsymbol{o}_t$ 同样由神经网络的状态计算所得。但不同于传统的 RNN，双向 RNN 中，$\boldsymbol{o}_t$ 不仅与 t 时刻正向传输的网络状态相关，也与 t 时刻反向传输的网络状态相关，即：

$$\boldsymbol{o}_t = g(\boldsymbol{W}_4\boldsymbol{h}_t + \boldsymbol{W}_6\boldsymbol{h}'_t)$$

式中，$\boldsymbol{W}_4$ 是正向传输的网络状态层到输出层的连接矩阵；$\boldsymbol{W}_6$ 是反向传输的网络状态层到输出层的连接矩阵。

双向 RNN 按照以下步骤进行各个时刻的输出值计算。

（1）从时刻 1 到时刻 T 计算各个时刻正向传输的状态值，并保存为每个时刻向前隐藏层的输出。

（2）从时刻 T 到时刻 1 反向计算一遍，并保存为每个时刻向后隐藏层的输出。

（3）当正向传输层和反向传输层都计算完成后，每个时刻根据向前、向后隐藏层的状态得到各个时刻的最终输出值。

7.3.2　双向 RNN 的实现

双向 RNN 可以通过以下函数来进行实现：

```
tf.keras.layers.Bidirectional(
layer, merge_mode='concat', weights=None, backward_layer=None, **kwargs
)
```

其中，layer 为双向 RNN 中可以接收的循环网络层，一般可以为 tf.keras.layers.LSTM 或 tf.keras.layers.GRU；merge_mode 为前向和后向 RNN 的输出将被组合的模式，其主要模式包括'sum'、'mul'、'concat'、'ave'、None 等，默认值为'concat'；backward_layer 为后向传播的 RNN 层，用于处理向后输入，如果用户没有指定 backward_layer 的值，该函数将自动构建一个与 layer 参数指定的网络层相匹配的反向传播网络层。

我们可以用以下代码建立一个简单的双向 RNN 结构：

```
import tensorflow as tf
bidirectional_rnn=tf.keras.layers.Bidirectional(tf.keras.layers.LSTM(50))
```

7.4 深层 RNN

RNN 的另一个变种（或者说改进）是深层 RNN。与传统的 RNN 相比，深层 RNN 的核心特点在于拥有更多的隐藏层，从而可以增强模型的表达能力，得到更为准确的分析结果。正如当我们背英语单词时，不可能一次就记住所有的单词，而是需要带着前几次背过的单词的记忆再次对各个单词进行记忆，最终记住所有的单词。实际上，具有多个隐藏层的 RNN 在大多数情况下都会得到更为精确的结果。因此，深层 RNN 的使用较为普遍。

深层 RNN 可以将每个时刻的循环体重复多次。图 7-13 给出了深层 RNN 的结构示意。

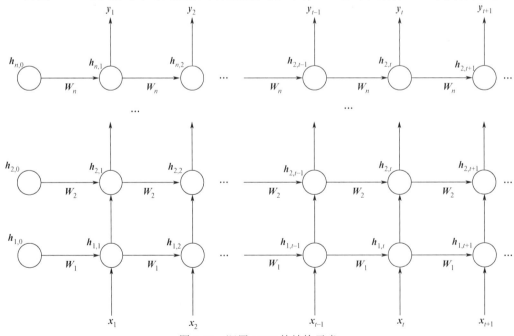

图 7-13　深层 RNN 的结构示意

从图 7-13 中可以看到，该 RNN 中包含 n 个隐藏层，每一层循环体中参数是共享的（如隐藏层 1 的节点之间的连接权重矩阵均为 W_1），但不同层之间的参数可以不同（如隐藏层 1 和隐藏层 2 的节点之间的连接权重矩阵分别为 W_1 和 W_2）。

深层 RNN 在进行前向传输时，会从底到顶一层接一层地进行传输。对于第 i 个隐藏层在 t 时刻的状态 $h_{i,t}$，其值由第 i 个隐藏层在 $t-1$ 时刻的状态 $h_{i,t-1}$ 和第 $i-1$ 个隐藏层的状态 $h_{i-1,t}$ 决定，其计算公式为：

$$h_{i,t} = \sigma(W_i h_{i,t-1} + U_i h_{i-1,t} + b_i)$$

式中，W_i 为第 i 个隐藏层的节点之间的连接权重矩阵；U_i 为第 $i-1$ 个隐藏层的节点到第 i 个隐藏层的节点的连接权重矩阵；b 为偏移量；σ 为 Sigmoid 激活函数。

当 RNN 传输到最后一个隐藏层时，深层 RNN 会根据最后一个隐藏层的状态给出各个时刻的输出值。对于 t 时刻的输出 y_t，其计算公式为：

$$y_t = \text{Sigmoid}(V h_{i,t} + c)$$

式中，V 为第 n 个隐藏层到输出层的连接权重矩阵；c 为偏移量。

深层 RNN 自底向上依次计算各个层中每个时刻的状态值，直到最终得到各个时刻的输出值，RNN 的前向传播结束。

RNN 的深层结构不仅适用于基本的 RNN，也适用于 RNN 的变种。例如，图 7-14 给出了深层双向 RNN 的结构。

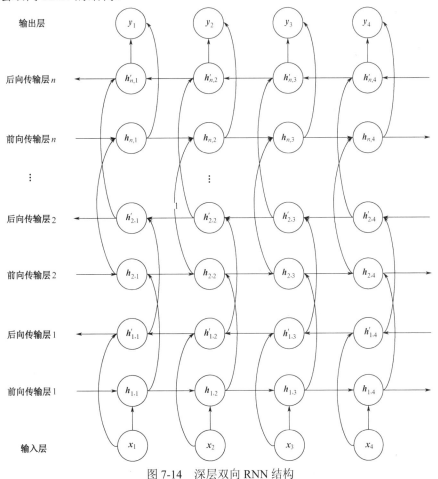

图 7-14　深层双向 RNN 结构

从图 7-14 中可以看到，该 RNN 中包含 n 个前向传输的隐藏层和 n 个后向传输的隐藏层，前向传输的隐藏层与后向传输的隐藏层成对出现。类似于深层 RNN，深层双向 RNN 在进行前向传输时，同样自底向上地一层接一层地进行传输，且深层双向 RNN 每一层循环体中参数相互共享，而不同层之间的参数可以不同。但不同于深层 RNN，在深层双向 RNN 中，对于第 i 个前向传输的隐藏层在 t 时刻的状态 $\vec{h}_{i,t}$，其值由第 i 个前向传输的隐藏层在 $t-1$ 时刻的状态 $\vec{h}_{i,t-1}$ 和第 $i-1$ 个隐藏层的状态 $h_{i-1,t}$ 决定。其计算公式为：

$$\vec{h}_{i,t} = f(\vec{W}_i h_{i-1,t} + \vec{U}_i \vec{h}_{i,t-1} + \vec{b}_i)$$

式中，$\vec{W}_i$ 为第 i 个前向隐藏层的节点之间的连接权重矩阵；$\vec{U}_i$ 为第 $i-1$ 个前向传输的隐藏层的节点到第 i 个前向传输的隐藏层的节点的连接权重矩阵；$\vec{b}_i$ 为前向传输的偏移量；f 为 Sigmoid 激活函数。

而对于第 i 个后向传输的隐藏层在 t 时刻的状态 $\overleftarrow{h}_{i,t}$，其值由第 i 个后向传输的隐藏层在 $t-1$ 时刻的状态 $\overleftarrow{h}_{i,t-1}$ 和第 $i-1$ 个隐藏层的状态 $h_{i-1,t}$ 决定。其计算公式为：

$$\overleftarrow{h}_{i,t} = f(\overleftarrow{W}_i h_{i-1,t} + \overleftarrow{U}_i \overleftarrow{h}_{i,t-1} + \overleftarrow{b}_i)$$

式中，$\overleftarrow{W}_i$ 为第 i 个后向隐藏层的节点之间的连接权重矩阵；U_i 为第 $i-1$ 个后向传输的隐藏层的节点到第 i 个后向传输的隐藏层的节点的连接权重矩阵；$\overleftarrow{b}_i$ 为后向传输的偏移量；f 为 Sigmoid 激活函数。

当 RNN 传输到最后一个隐藏层时，深层 RNN 会根据最后一个隐藏层的状态给出各个时刻的输出值。对于 t 时刻的输出 y_t，其计算公式为：

$$y_t = g(Vh_t + c) = g(V[\vec{h}_{n,t}, \overleftarrow{h}_{n,t}] + c)$$

式中，V 为第 n 个正/反向传输的隐藏层到输出层的连接权重矩阵；c 为参数。

7.5　实验：基于 LSTM 的股票预测

7.5.1　实验目的

（1）了解股票数据的基本格式。
（2）了解股票数据训练集和测试集的构造方法。
（3）了解 TensorFlow 中 LSTM 模型的实现流程。
（4）基于 LSTM 模型实现股票预测。
（5）运行程序，看到结果。

7.5.2　实验要求

本次实验后，要求学生能：
（1）了解 TensorFlow 的工作原理。
（2）掌握如何构造股票数据的训练集和测试集。
（3）掌握 TensorFlow 股票的流程。

（4）理解 LSTM 模型的相关原理。

（5）用代码实现对股票未来价格的预测。

7.5.3　实验原理

我们以 GitHub 上的一个美国股票数据集为例，阐述 TensorFlow 框架下的基于 LSTM 模型的股票预测实现。

图 7-15 给出了一个股票价格数据集中股票数据的样例。可以看到，在该股票数据集中，每一行表示当天的股票数据信息，主要包括时间（天）、开盘价格、最高价格、最低价格、收盘价格等。在本实验中，我们基于该数据集对股票未来一天的开盘价格进行预测。

	A	B	C	D	E	F	G
1	Date	Open	High	Low	Close	Adj Close	Volume
2	########	0.088542	0.101563	0.088542	0.097222	0.064572	1.03E+09
3	########	0.097222	0.102431	0.097222	0.100694	0.066878	3.08E+08
4	########	0.100694	0.103299	0.100694	0.102431	0.068032	1.33E+08
5	########	0.102431	0.103299	0.098958	0.099826	0.066302	67766400
6	########	0.099826	0.100694	0.097222	0.09809	0.065149	47894400
7	########	0.09809	0.09809	0.094618	0.095486	0.063419	58435200
8	########	0.095486	0.097222	0.091146	0.092882	0.06169	59990400
9	########	0.092882	0.092882	0.08941	0.090278	0.05996	65289600
10	########	0.090278	0.092014	0.08941	0.092014	0.061113	32083200
11	########	0.092014	0.095486	0.091146	0.094618	0.062843	22752000
12	########	0.094618	0.096354	0.094618	0.096354	0.063996	16848000
13	########	0.096354	0.096354	0.09375	0.095486	0.063419	12873600
14	1986-4-1	0.095486	0.095486	0.094618	0.094618	0.062843	11088000
15	1986-4-2	0.094618	0.097222	0.094618	0.095486	0.063419	27014400
16	1986-4-3	0.096354	0.098958	0.096354	0.096354	0.063996	23040000
17	1986-4-4	0.096354	0.097222	0.096354	0.096354	0.063996	26582400
18	1986-4-7	0.096354	0.097222	0.092882	0.094618	0.062843	16560000
19	1986-4-8	0.094618	0.097222	0.094618	0.095486	0.063419	10252800
20	1986-4-9	0.095486	0.09809	0.095486	0.097222	0.064572	12153600

图 7-15　使用的股票数据集中股票数据的样例

基于以上数据，我们采用 LSTM 模型构建股票预测算法，该过程可以分为以下三个步骤。

（1）训练集与测试集的构建。首先将股票文件中的股票数据加载到内存中，然后基于 LSTM 模型对输入/输出的要求，将股票数据格式化，最后将所有格式化后的数据划分为训练集和测试集。

（2）LSTM 模型的构建。构建 LSTM 模型的各个组件，包括模型的输入、输出、LSTM 层等。

（3）训练与预测。基于训练数据对构建的模型进行训练，并采用训练好的模型预测股票未来的开盘价格。

7.5.4　实验步骤

本实验的实验环境为 TensorFlow 2.2+Python 3.6。具体的实现步骤如下。

1．训练集与测试集的构建

为了实现股票未来开盘价格的预测，首先需要将股票文件中的股票数据加载到内存中，然后将股票数据格式化，最后完成训练集和测试集的数据划分。我们定义了一个函数 get_train_test_data，用于上述操作，其实现代码如下：

```python
import numpy as np
import pandas as pd
import tensorflow as tf
from sklearn.preprocessing import MinMaxScaler

filepath='./data/stock/MSFT.US.csv' #股票数据文件的位置
time_step=50 #训练步长，即用前 50 天的开盘价格预测第 51 天的开盘价格

def get_train_test_data(filepath, time_step):
dataset=pd.read_csv(filepath)
    stock_data=dataset.iloc[:,1:2].values #股票数据的第一列为开盘数据
    stock_data=np.array(stock_data)
    #将股票的开盘价格归一化；
    #这里用到了 scikit-learn 工具，如果尚未安装该工具，请在 TensorFlow 环境下采用 pip install
sklearn 命令安装
    sc=MinMaxScaler(feature_range=(0,1))
    data_scaled=sc.fit_transform(stock_data)
    #用 X_data 和 Y_data 分别存储训练特征和标签
    X_data=[]
    Y_data=[]
    for i in range(time_step,len(data_scaled)):
    #将 time_step 个开盘价格作为训练特征，将第 step_time 个开盘价格作为标签
        X_data.append(data_scaled[i-time_step:i,0])
        Y_data.append(data_scaled[i,0])
    X_data,Y_data=np.array(X_data),np.array(Y_data)
    #将训练特征和标签分别格式化
    X_data=np.reshape(X_data,(X_data.shape[0],X_data.shape[1],1))
    Y_data=np.reshape(Y_data,(len(Y_data),1))
    #划分训练集和测试集
    data_split=0.9 #训练集的比例
    train_examples=int(len(X_data)*data_split)
    X_train,X_test=X_data[:train_examples],X_data[train_examples:]
    Y_train,Y_test=Y_data[:train_examples],Y_data[train_examples:]
    return X_train, Y_train, X_test, Y_test,sc
```

接下来，我们调用 get_train_test_data 函数得到格式化后的训练集、测试集及数据归一化模型（该模型将用于预测结果的处理），并打印训练集和测试集的数目。

```python
X_train,Y_train,X_test,Y_test,sc=get_train_test_data(filepath, time_step)
#打印训练集和测试集的数目
print('训练集的数目为', X_train.shape[0])
```

```
print('测试集的数目为', X_test.shape[0])
```

打印结果如下：

训练集的数目为 7190

测试集的数目为 799

2. LSTM 模型的构建

得到训练集和测试集后，我们构建 LSTM 模型，以便后续利用该模型进行股票预测。首先定义 LSTM 模型中的参数，然后对 LSTM 模型中的各层进行构建。其实现代码如下：

```
#定义股票预测模型
def build_model(input_shape):
    """
    :param input_shape: 输入向量的维度
    :param units: 输出向量的维度，这里设置为 50
    """
    model=tf.keras.models.Sequential();
    model.add(tf.keras.layers.LSTM(units=50, input_shape=input_shape))
    model.add(tf.keras.layers.Dropout(0.2))
    model.add(tf.keras.layers.Dense(units=1, activation='relu'));
    return model;
```

调用该函数可以得到基于 LSTM 的股票预测模型，其代码如下：

```
model=build_model(input_shape=(X_train.shape[1], 1));
```

其中，input_shape 为输入张量的维度，值为(X_train.shape[1], 1)。

3. 股票预测模型的训练

基于上述 LSTM 模型，我们定义损失函数，并输入训练数据进行模型的训练。具体代码如下：

```
#定义 LSTM 模型中的参数
train_op = 'adam'              #训练时所采用的优化器
train_loss='mse'               #训练时所采用的损失函数
batch_size=32                  #每一批次训练多少个样例
epoch=10                       #训练的总轮数
output_size=1                  #输出层维度
#开始训练
model.compile(optimizer = train_op, loss =train_loss)
model.fit(X_train, Y_train, epochs = epoch, batch_size = batch_size)
```

执行上述代码，可以看到如图 7-16 所示的训练过程。

```
Epoch 1/5
7190/7190 [==============================] - 8s 1ms/sample - loss: 0.0021
Epoch 2/5
7190/7190 [==============================] - 7s 981us/sample - loss: 4.8204e-04
Epoch 3/5
7190/7190 [==============================] - 7s 1ms/sample - loss: 4.1811e-04
Epoch 4/5
7190/7190 [==============================] - 7s 959us/sample - loss: 3.5460e-04
Epoch 5/5
7190/7190 [==============================] - 7s 1ms/sample - loss: 3.1846e-04
```

图 7-16　训练过程

4. 股票预测模型的测试

基于训练好的股票预测模型，我们在测试集上进行股票预测。具体代码如下：

```
#用训练完成的模型进行测试集的预测
predictions=model.predict(X_test)
#将预测值转换为 NumPy 格式
preds=np.array(predictions)
preds=preds.reshape(preds.shape[0],1)
#将计算得到的股票预测结果从(0,1]的值域范围恢复到实际股票价格
orgin_preds=sc.inverse_transform(preds)
#将真实的股票预测价格从(0,1]的值域范围恢复到实际股票价格
orgin_values=sc.inverse_transform(Y_test)
```

得到股票开盘价格的预测值和真实值之后，我们采用 matplotlib 工具对未来开盘价格的真实值和预测值进行可视化对比。具体代码如下：

```
import matplotlib.pyplot as plt
plt.figure() #新建绘图
plt.plot(list(range(len(orgin_values))), orgin_values, color='b', label='real values')
plt.plot(list(range(len(orgin_preds))),orgin_preds, color='r', label='predicted values' )
plt.legend()
plt.show()
```

可视化对比结果如图 7-17 所示。

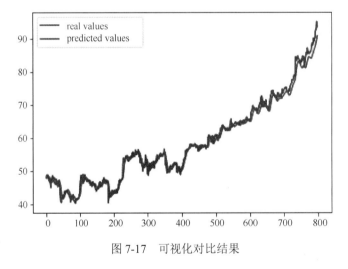

图 7-17 可视化对比结果

可以看到，股票开盘价格的预测值与真实值基本吻合。

习题

7.1 简述 RNN 的基本原理。

7.2 什么是长期依赖问题？

7.3 用 LSTM 模型实现股票数据的预测。

第 8 章　强化学习

强化学习作为人工智能的一个重要分支，主要用来解决连续决策问题，其应用范围多集中在机器人、无人控制、对战游戏等方面。强化学习主要针对复杂、不确定系统，应对一系列变化的环境状态，输出相应的决策以完成设定目标。本章对几种典型的强化学习基本实现方法进行介绍，使读者初步掌握 TensorFlow 实现强化学习的方法、步骤和程序设计思路，为其他高级模型的建立、训练奠定实践基础。

8.1　强化学习原理

机器学习依据学习方式的不同可以分为三大类：监督学习、无监督学习和强化学习。监督学习（Supervised Learning）是一种有导师的学习方法，导师可以对输入的带标签的训练数据提供期望的输出结果，输入和输出数据即训练样本集，学习的目的是使系统的实际输出和期望输出间的误差变小，并将该误差反馈给系统来修正学习。该学习可以进一步归类为回归问题和分类问题，其主流方法有随机森林分类和线性回归。无监督学习（Unsupervised Learning）是一种无导师的学习方法，对输入的无标签数据不能提供标准的输出结果，由于其不是学习输入数据到输出数据的映射且系统无反馈，所以该学习是完全开环的。该学习可以进一步分为聚类和关联分析等问题，其主流方法有最大期望和 Parzen 窗设计算法。

强化学习（Reinforcement Learning，RL）又称再励学习或增强学习，用于描述和解决智能体（Agent）在与环境交互的过程中，通过学习策略达成回报最大化或实现特定目标的问题。不同于监督学习那样通过正例、反例来告知采取何种行为，强化学习没有直接的指导，而是通过与环境不断交互试错来获得最优策略。

强化学习的方法框架主要包括以下四个要素。

（1）策略（Policy）：策略是一个从当前感知的环境状态到该状态下采取的动作的一个映射，它定义了一个特定时刻智能体的行为方式。策略可以是随机的，表示为 $\pi(s,a)$，描述的是状态 s 下采取动作 a 的概率；也可以是确定的，比如 DDPG（深度确定性策略梯度）中的策略。

（2）回报信号（Reward Signal）：在每一个时间步，环境反馈给强化学习智能体一个单独的数字，叫作回报或即时回报。回报可以用来衡量对于智能体来说哪些策略是有利的，哪些策略是不利的，它定义了强化学习问题的目标。

（3）值函数（Value Function）：不同于回报，值函数刻画了在长期状态下对于某个状态或者行为的偏好，即值函数用于度量一个智能体从当前状态开始一直运行下去能够得到的期望回报总和。回报决定了对于环境状态瞬时的、固有的偏好，而值函数表明了状态长远的利好。

（4）环境（Environment）：在强化学习中，与智能体相交互的所有内容都被称为环境。环境就像一个仿真器，给定一个状态和动作，模型会预测这个动作导致的下一个状态和回报，以帮助我们进行一系列决策。

通过强化学习，智能体可以在探索和开发之间做折中，选择最优策略并获得最大回报。图 8-1 所示为标准的智能体强化学习模型，从图中可以看出，智能体首先感知当前环境状态 s，随后智能体根据当前的回报 r（奖励或惩罚）选择动作 a 并执行，此时环境状态 s 会根据当前选择的动作转移到新状态，最后环境会根据采取的动作反馈一个新的回报给智能体，而智能体最终的学习目标是根据当前所处的环境状态选择最优的动作序列，进而使其获得的累积回报最大化，即获得最大回报。

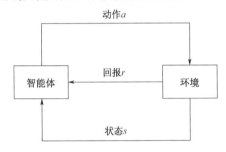

图 8-1　标准的智能体强化学习模型

强化学习作为机器学习领域的一种重要方法，因为其自主学习和解决复杂决策问题的突出能力，从 20 世纪 80 年代末开始，在调度管理、自适应优化控制及人工智能等领域备受研究者的重视。20 世纪 90 年代，强化学习在理论和算法方面取得突破性进展，强化学习理论基础得以奠定，使其发展和应用前景更加广阔。强化学习目前除了应用在游戏、计算机视觉、自然语言处理和无人驾驶等领域（见图 8-2），还在制造业、库存管理、动态定价、电子商务、金融投资决策及医学动态治疗方案领域被大量推广应用。

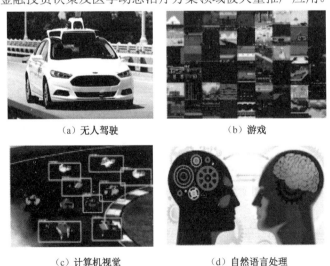

图 8-2　强化学习应用场景

116

强化学习的研究发展经历试错（Trial-and-Error）学习、最优控制与动态规划，以及时间差分（Temporal Difference，TD）三个阶段，最后在 20 世纪 80 年代形成现代强化学习理论基础。国内外研究学者和科研机构主要针对强化学习理论、算法及应用三个层面进行研究，提高算法效率、算法收敛性验证和泛化与抽象理论研究则是重中之重。强化学习算法主要在折扣回报准则和平均回报准则下进行研究。折扣回报准则需要引入折扣因子，从数学观点出发，期望总回报可能不存在，所以需要引入折扣因子使期望总回报有意义。折扣回报准则符合经济学的观点，所以适用于金融领域。平均回报准则就是普遍意义下的期望平均回报，平均回报准则看中的是长期产生的回报，短期起到的作用很小。因此，平均回报准则更适用于像排队系统和网络通信等关注长期回报且快速进入平稳状态运行的系统。目前，折扣回报准则是强化学习中研究最多、理论最完善的准则，而对平均回报准则下的强化学习算法的相关研究较少。

8.2　马尔可夫决策过程实现

强化学习通过智能体与环境之间的不断交互对最优的动作（策略）序列进行学习，这个动作序列的学习过程是一种序列决策过程，而马尔可夫决策过程正是一个典型的序列决策过程的公式化。因此，在强化学习中，通常使用马尔可夫决策过程来表示整个策略学习的过程。

8.2.1　马尔可夫决策过程

马尔可夫决策过程是指决策者（Decision Maker）周期地或连续地观察具有马尔可夫性的随机动态系统，序贯地做出决策的过程，即根据每个时刻观察的状态，从可用的行动集合中选用一个行动做出决策，系统下一步（未来）的状态是随机的，并且其状态转移概率具有马尔可夫性。决策者根据新观察的状态，再做新的决策，依此反复地进行。马尔可夫决策可作为随机对策的特殊情形，在这种随机对策中，对策的一方是无意志的。还可将马尔可夫决策过程看作马尔可夫型随机最优控制，其决策变量就是控制变量。

如图 8-3 所示，其描述的是多阶段决策过程的一个完整"片段"。在时刻 t，决策者根据系统当前所处状态，选择一个动作。

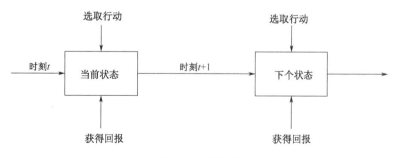

图 8-3　决策过程

动作执行后产生两个结果：决策者收到系统的直接回报（或产生一个直接成本）；

同时，系统迁移到下一个状态，状态的转移概率分布取决于所采取的动作。在时刻 $t+1$，决策者面对迁移后的状态，开始新一轮次的决策过程。

从对上述决策过程的描述中可以发现，决策者在系统某个状态执行的动作来自一个动作集合，其中每个动作对应系统的一个可能迁移状态。决策者根据自身的原则确定在何时采取何种动作转向下一个状态，这些原则不仅取决于系统当前所处的状态，还取决于系统之前的状态，以及在那些状态下所采取的动作序列。如果将上述动作选取原则称为策略，那么一个策略将对应一组决策规则，以及由此产生的一系列回报序列。多阶段决策问题的目标是通过预先确定的策略，使得关于回报序列的函数取得极值（回报最大或成本最小）。这样的函数可以是：总折算期望回报函数（Expected Total Discounted Reward）或长期平均回报函数（Long-run Average Reward）。在上述决策过程中，如果状态的回报与转移概率仅与当前状态和动作有关，而与过去的历史无关，则将此类多阶段决策问题称为马尔可夫决策。

马尔可夫决策过程包含以下三层含义。

（1）"马尔可夫"表示了状态间的依赖性。当前状态的取值只和前一个状态有关系，不与更早的状态产生联系。

（2）"决策"表示了其中的策略部分将由智能体决定。智能体可以通过自己的动作改变状态序列，与环境中存在的随机性共同决定未来的状态。

（3）"过程"表示了时间属性。如果把智能体和环境的交互按时间维度展开，那么智能体采取动作后，环境的状态将发生改变，同时时间向前推进，新的状态产生，智能体将获得观测值，于是新的动作产生，然后状态再更新。

8.2.2   马尔可夫决策过程的形式化

在强化学习中，马尔可夫决策过程可以通过一个五元组来表示：(S, A, P, R, γ)，其中：

S 代表状态空间，s_i 表示第 i 步的状态；

A 代表动作空间，a_i 表示第 i 步的动作；

P 为状态转移概率，P_{sa} 表示在 s 和 a 作用后，会转移到其他状态的概率分布情况；

R 为回报函数；

γ 为折扣因子，用来计算累积回报。

强化学习的目标是给定一个马尔可夫决策过程，寻找最优策略，这里的最优是指得到的总回报（或长期回报）最大，即

$$\max \sum_t R_t \tag{9-1}$$

式中，R_t 为 t 时刻获得的回报。

当智能体采取有限步的策略时，我们可以累加每个时刻的回报得到整个策略的长期回报。但是，当策略的步数为无限时，我们无法通过累加得到整个策略的长期回报。为了在策略的步数无限时仍能估计长期回报，我们对式（9-1）进行了修改，采用的方法为降低未来回报对当前的影响，即将未来回报乘以一个打折率 γ：

$$\max \sum_{k=0} \gamma^k R_{t+k+1} \tag{9-2}$$

式（9-2）给出了强化学习的最终目标。那么，如何基于强化学习的目标进行最优策略的学习呢？首先，一个好的策略是在当前状态采取了一个动作之后，该动作能够在未来收到最大化的回报。假设当前时刻为 t，采取了某个动作之后，从当前时刻到任务完成状态所能收到的累计的回报为：

$$G_t = R_{t+1} + \gamma R_{t+2} + ... = \sum_{0}^{\infty} \gamma^k R_{t+k+1} \tag{9-3}$$

在策略学习的过程中，需要对学习到的策略进行评估。为了实现对策略的评估，我们定义了价值函数和动作-价值函数。

价值函数表示当前状态处于 s，按照策略 π 进行行动，在未来所能获得的反馈值的期望，表示为：

$$V_\pi(s) = E_\pi[G_t \mid S_t = s]$$

动作-价值函数表示当前状态处于 s，按照策略 π 采取了某个动作 a 之后，在未来获得的反馈值的期望，表示为：

$$E_\pi[G_t \mid S_t = s, A_t = a]$$

策略学习可以转化为一个优化问题，即找到最优策略 $\pi*$，对于任意的状态 $s \in S$，使得在状态 s 对应的时刻，采用 $\pi*$ 这样的策略在未来收获的反馈值 $V_{\pi*}(s)$ 的期望最大。

价值函数和动作-价值函数之间具有一定的关系。价值函数可以用动作-价值函数表示为：

$$V_\pi(s) = \sum_{a \in A} \pi(s,a) q_\pi(s,a) \tag{9-4}$$

式中，$\pi(s,a)$ 为采取动作 a 的概率。

动作-价值函数也可以用价值函数表示为：

$$q_\pi(s,a) = \sum_{s' \in S} \Pr(s' \mid s,a)[R(s,a,s') + \gamma V_\pi(s')]$$

式中，$\Pr(s' \mid s,a)$ 为在 s 状态下采取某个动作后进入 s' 状态的概率；$R(s,a,s')$ 表示智能体在状态 s 采取行动 a 后获得的回报；$V_\pi(s')$ 为进入 s' 状态后未来可能收到的反馈值的期望。

进一步，通过公式推导，可以得到表示价值函数和动作-价值函数相互转换的贝尔曼方程。将 $q_\pi(s,a)$ 代入 $V_\pi(s)$ 的计算公式中，得到价值函数的计算公式为：

$$V_\pi(s) = \sum_{a \in A} \pi(s,a) \sum_{s' \in S} \Pr(s' \mid s,a)[R(s,a,s') + \gamma V_\pi(s')]$$

同样地，将 $V_\pi(s)$ 代入 $q_\pi(s,a)$ 的计算公式中，得到动作-价值函数的计算公式为：

$$q_\pi(s,a) = \sum_{s' \in S} \Pr(s' \mid s,a)[R(s,a,s') + \gamma \sum_{a' \in A} \pi(s',a') q_\pi(s',a')]$$

基于贝尔曼方程，我们可以对学习到的策略进行评估，针对评估的结果，再对策略进行优化。于是，智能体与环境的交互通过策略评估和策略优化体现。强化学习正是在策略优化和策略评估的交替迭代中进行参数优化的，以找到最优的策略。

8.3 基于价值的强化学习方法

强化学习方法包括基于价值的方法、基于策略的方法和基于模型的方法。基于价值的方法对价值函数进行建模和估计，以此为依据制定策略。基于策略的方法对策略函数直接进行建模和估计，优化策略函数使反馈最大化。基于模型的方法对环境的运行机制进行建模，然后进行策略规划。在三者之中，最常用的是基于价值的方法。

8.3.1 基于价值的方法中的策略优化

基于价值的方法包括两个部分：策略优化和策略评估。下面先介绍策略优化。

策略优化定理：对于确定的策略 π 和 π'，如果对于任意状态 $s(s \in S)$，智能体通过策略 π' 采取动作后所获得的未来反馈期望大于或等于通过策略 π 采取动作后获得的未来反馈期望 $q_\pi(s, \pi'(s)) \geqslant q_\pi[s, \pi(s)]$，那么一定存在状态 s 在策略 π' 下所得到的反馈期望大于或等于在策略 π 下所得到的反馈期望（$V_{\pi'}(s) \geqslant V_{\pi'}(s)$），则 π' 不比 π 差。

根据策略优化定理，当给定当前策略 π、价值函数 V_π 和动作-价值函数 q_π 时，我们可以构造一个新策略 π'，即如果在状态 s 下执行了动作 a 之后所能收获的反馈期望最大，则将 a 作为新策略 π' 在状态 s 下采取的策略，表示为 $\pi'(s) = \mathrm{argmax}_a q_\pi(s, a)$。我们称新策略 π' 是当前策略 π 的一个改进，因此可以将策略 π 更新为新策略 π' [注意：只在当前状态这一步将策略修改为 $\pi'(s)$，未来的策略仍然按照 π 的指导进行]。

8.3.2 基于价值的方法中的策略评估

基于价值的方法基于贝尔曼方程对优化后的策略进行评估，主要包括三种常用方法：基于动态规划的方法、基于蒙特卡罗的方法和基于时序差分的方法。

1. 基于动态规划的方法

基于动态规划的方法中策略评估的步骤如下。

步骤 1：初始化价值函数 V_π。

步骤 2：对于所有状态 s（$s \in S$），根据贝尔曼方程计算在状态 s 下采用策略 π 时所获得的价值函数 $V_\pi(s)$。

步骤 3：重复执行步骤 2，直到 V_π 收敛，即可得到策略 π 下的价值函数 V_π 的值。

在步骤 2 中，根据贝尔曼方程：

$$V_\pi(s) = \sum_{a \in A} \pi(s, a) \sum_{s' \in S} \Pr(s' \mid s, a)[R(s, a, s') + \gamma V_\pi(s')]$$

要想计算智能体在状态 s 下的价值函数 $V_\pi(s)$，必须事先获得状态之间的转移概率。此外，由于该方法需要枚举所有的状态，所以无法处理状态集合大小无限的情况。

2. 基于蒙特卡罗的方法

为了解决智能体在进行价值函数更新时需要知道状态之间转移概率的问题，我们可以通过蒙特卡罗采样来避免基于动态规划的方法的不足。在基于蒙特卡罗的方法中，不再通过贝尔曼方程计算策略 π 下的价值函数 $V_\pi(s)$，而是通过采样对 $V_\pi(s)$ 进行近似求解。

下面我们给出基于蒙特卡罗的方法的步骤。

步骤 1：选择不同的初始状态，按照当前策略 π 采样若干轨迹，记它们的集合为 D。

步骤 2：对于所有的状态 s（$s \in S$），计算 D 中 s 每次出现时对应的反馈 $G_1, G_1, \cdots, G_k$。

步骤 3：根据 $V_\pi(s) = \frac{1}{k} \sum_{i=1}^{k} G_i$ 计算策略 π 下的价值函数 $V_\pi(s)$。

与基于动态规划的方法相比，基于蒙特卡罗的方法不再依赖模型的状态转移概率来计算策略 π 下的价值函数 $V_\pi(s)$，而是通过采样得到的不同的决策轨迹来更新某一个状态下的价值函数的值。该方法虽然克服了基于动态规划的方法中事先需要知道状态转移概率的缺点，且可以容易地扩展到状态集合大小无限的情况，但该方法在状态集合比较大时，采用的轨迹可能非常稀疏，不利于价值函数 $V_\pi(s)$ 的准确估计。此外，由于基于蒙特卡罗的方法在进行轨迹采样时，需要获得一个从某一个状态出发一直到终止状态的完整状态序列，反馈的周期较长。如果没有完整的状态序列，或者很难拿到较多的完整的状态序列，那么基于蒙特卡罗的方法就不太好用了。

3. 基于时序差分的方法

为了克服基于蒙特卡罗的方法的不足，学者们又提出了基于时序差分的方法。在该方法中，从初始状态出发，基于采样的方法得到一个任意的动作，执行该动作使智能体从当前状态进入下一时刻的状态，得到一个反馈回报，然后根据下一个状态所能收获的反馈期望的大小，对当前状态的价值函数进行更新。

基于时序差分的方法的步骤如图 8-4 所示。

```
初始化 Vπ 的函数
for
    初始化 s 为初始状态
    for
    随机采样一个动作 a
        执行动作 a，得到回报 R 和采取该动作后进入的下一个状态 s'
        更新 Vπ(s) 的值为 Vπ(s) + α[R(s,a,s') + γVπ(s') − Vπ(s)]
        将 s' 状态置为当前状态
    直到 s 是终止状态
直到 Vπ 收敛，即可得到策略 π 下的价值函数 Vπ 的值
```

图 8-4 基于时序差分的方法的步骤

在 $V_\pi(s)$ 的更新公式中，$R(s,a,s')$ 表示智能体在状态 s 采取行动 a 后获得的回报，$V_\pi(s')$ 为进入 s' 状态后在未来可能收到的期望反馈，a 是取值为 0～1 的权重系数。$R(s,a,s') + \gamma V_\pi(s') - V_\pi(s)$ 实际上就表示智能体采取动作 a 后获得的未来回报与当前状态下的未来回报的一个差值，而 V_π 正是根据这个差值进行更新的。

8.3.3　Q-Learning

有了策略优化和策略评估的方法之后，如何将策略优化和策略评估结合起来以求解最优的策略呢？下面将介绍强化学习中最优策略求解的核心算法——Q-Learning。在 Q-Learning 算法中，在迭代中我们对动作-价值函数 q_π 的值进行更新。

Q-Learning 算法的步骤如图 8-5 所示。

初始化 q_π 的函数

for
    初始化 s 为初始状态

    for
        找到在 s 状态下使得动作-价值函数 $q_\pi(s, a')$ 最大的动作 a，即 $a = \mathrm{argmax}_{a'} q_\pi(s, a')$

        执行动作 a，得到回报 R 和采取该动作后进入的下一个状态 s'

        更新 $q_\pi(s,a)$ 的值为 $q_\pi(s,a) + \alpha[R + \gamma \max_{a'} q_\pi(s',a') - q_\pi(s,a)]$

        将 s' 状态置为当前状态

    直到 s 是终止状态

直到 q_π 收敛

图 8-5　Q-Learning 算法的步骤

可以看到，当初始化状态为 s 时，Q-Learning 算法每次选择使动作-价值函数 $q_\pi(s,a')$ 最大的动作 a，并执行该动作进入的下一个状态 s'。然后，计算执行新动作得到的动作-价值函数与执行原有动作得到的动作-价值函数的差值，并通过该差值对 s 状态下的动作-价值函数 $q_\pi(s,a)$ 进行更新。直到智能体进入终止状态，初始状态为 s 的片段结束。迭代地执行上述过程，即可得到最终的最优策略。

在 Q-Learning 算法中，智能体每次都选择使动作-价值函数 $q_\pi(s,a')$ 最大的动作 a 作为要采取的行动，然而，当 q_π 函数的初始化较差时，可能会出现智能体一直向某一方向移动但得不到最优策略的情况。为了避免这种情况的发生，学者们提出了 ε-贪心策略，以对 Q-Learning 算法进行改进。ε-贪心策略的表达式如下：

$$\varepsilon\text{-greedy}_n(s) = \begin{cases} \arg\max_a q_\pi(s,a), & \text{以} 1 - \varepsilon \text{的概率} \\ \text{随机的} a(a \in A), & \text{以} \varepsilon \text{的概率} \end{cases}$$

可以看到，ε-贪心策略使得智能体在每次选择动作时，以 $1-\varepsilon$ 概率将价值函数 $q_\pi(s,a')$ 最大的动作 a 作为要采取的行动，而以 ε 的概率随机选择一个动作作为要采取的动作。ε-贪心策略避免了智能体每次都选择价值函数 $q_\pi(s,a')$ 最大的动作，从而避免无法获得最优策略的情况。采用 ε-贪心策略改进的 Q-Learning 算法的步骤如图 8-6 所示。

采用 ε-贪心策略改进的 Q-Learning 算法可以避免智能体一直向某一个方向移动，从而避免无法准确计算 q_π 函数值的问题。

初始化 q_π 的函数

for

　　初始化 s 为初始状态

　　for

　　　　用 ε-贪心策略在状态 s 选择新的动作 a

　　　　执行动作 a，得到回报 R 和采取该动作后进入的下一个状态 s'

　　　　更新 $q_\pi(s,a)$ 的值为 $q_\pi(s,a)+\alpha[R+\gamma\max_{a'}q_\pi(s',a')-q_\pi(s,a)]$

　　　　将 s' 状态置为当前状态

　　直到 s 是终止状态

直到 q_π 收敛

图 8-6　采用 ε-贪心策略改进的 Q-Learning 算法的步骤

8.4　Gym 的简单使用

强化学习目前在计算机视觉、游戏和无人驾驶等领域都得到了广泛的应用。为了快速地完成强化学习算法的开发，使用一个简单方便的环境模拟器非常重要。Gym 正是一个用于开发和对强化学习算法进行比较的工具包。Gym 中提供了常见的强化学习模拟环境，通过 Gym，可以直接控制智能体与环境进行交互学习，而不必考虑环境中的种种复杂逻辑。尽管在 Gym 之前，已经有很多优秀的仿真平台，但由于 Gym 使用方便，同时集成了大量的仿真环境，所以目前最为常用。

OpenAI Gym 提供了一个统一的环境接口，智能体可以通过三种基本方法，即重置、执行和回馈与环境交互。重置操作会重置环境并返回观测值；执行操作会在环境中执行一个时间步长，并返回观测值、回报、状态和信息；回馈操作会回馈环境的一个帧，比如弹出交互窗口。

下面介绍 Gym 的一些简单使用方法。

1. 安装 Gym

在使用 Gym 之前，首先需要安装 Gym。

Gym 可以在命令环境下（如 anaconda 的 prompt 环境下）通过 pip 命令进行安装：

```
pip install gym
```

也可以通过 git 进行安装：

```
git clone https://github.com/openai/gym
cd gym
pip install -e . #最小安装
pip install -e .[all] #完全安装
```

2. 加载 Gym

在使用 Gym 之前，首先需要通过 import 语句将其载入：

```
import gym
```

3. 构造一个初始环境

在载入 Gym 之后，可以新建一个初始的游戏环境，以用于强化学习的实现：

```
env_name= 'CartPole-v1'#环境名
env=gym.make(env_name)#新建环境
```

OpenAI Gym 提供了多种环境，比如 Atari、棋盘游戏及 2D 或 3D 游戏引擎等。这里我们新建了一个名为 'CartPole-v1'的游戏环境，其中 'CartPole-v1'为一个已安装的游戏的名称。

4. 启动环境

通过环境的重置来启动新建的环境：

```
observation=env.reset()
```

通过重置环境，可以得到一个初始的状态值：

$[-0.0071643 \quad 0.04408563 -0.03828348 \quad -0.0455489 \,]$

5. 获取智能体可以执行的动作

在初始化环境之后，可以让智能体在环境下执行相应的动作。通过 env.action_space 命令来获取智能体可以执行的所有动作的集合：

```
actions=env.action_space
```

通过 env.action_space.n 命令获取智能体可以执行的动作的种类：

```
env.action_space.n
```

在运行代码后可以看到，'CartPole-v1'游戏中包含了两种动作。

6. 执行动作

在得到智能体所有的动作之后，我们对动作集合中的任意动作进行执行。假设这里我们随机抽样一个动作，并执行它：

```
action = env.action_space.sample()
observation, reward, done, info = env.step(action)
```

执行动作后，可以得到四个变量，分别为 observation、reward、done 和 info。observation 为执行动作之后智能体获得的状态。reward 为执行动作后，智能体得到的回报。在 Gym 中，回报值的范围是 [-inf,inf]。done 为游戏是否结束的标识。当游戏结束时，环境会返回 done=True。info 为执行动作后得到的环境信息。信息（info）在调试时非常有用，但智能体得不到这个信息。env.render() 指令会显示一个窗口，用于可视化当前环境的状态，当调用这个命令时，可以通过窗口看到算法是如何学习和执行的。但在训练过程中，为了节约时间，可以用注释暂时去掉这条指令。

7. 关闭环境

在环境使用结束后，需要关闭环境。关闭环境采用以下代码：

```
env.close()
```

基于以上 Gym 的使用方法，下面给出了控制小车执行动作的一个示例：

```
import gym
env_name= 'SpaceInvaders-v0'#环境名
env=gym.make(env_name)#新建环境
```

```
observation=env.reset()#通过重置新建一个环境
env.render()##显示游戏环境信息
for i in range(200):#智能体执行 200 次动作
    action = env.action_space.sample()#随机抽样一个动作
    observation, reward, done, info = env.stcp(action)#执行动作
    env.render()#显示游戏环境信息
env.close()#关闭环境
```

基于以上代码，在'CartPole-v1'游戏中，智能体会随机地采取 200 次动作，并在动作执行完成后，关闭游戏环境。

8.5　实验：基于强化学习的小车爬山游戏

本节给出了基于小车爬山游戏的深度强化学习实现，该游戏的环境如图 8-7 所示。在该游戏中，玩家可以通过向左或向右推动小车，使小车最终到达山顶。小车若到达山顶，则游戏胜利。如果在 200 个回合后小车仍未到达山顶，则游戏失败。小车每走一步得分减1，最低分为-200 分，越早到达山顶，则玩家的分数越高。

图 8-7　小车爬山游戏的环境

8.5.1　实验目的

（1）了解强化学习的基本原理。
（2）了解 Q-Learning 算法实现的基本流程。
（3）运行程序，看到结果。

8.5.2　实验要求

本次实验后，要求学生能：
（1）了解强化学习的工作原理。
（2）了解如何保持模型和加载模型。
（3）了解如何通过参数微调加快神经网络收敛，以更快地达到预期结果。
（4）用代码实现小车爬山。

8.5.3　实验原理

小车爬山的游戏环境，包含几个重要的变量，下面首先介绍这几个变量的具体含义。

● 状态（State）：

用[position, velocity]来表示，其中 position（位置）的取值范围为[-0.6, 0.6]，velocity（速度）的取值范围为[-0.1, 0.1]。

● 动作（Action）：

在小车爬山游戏中，智能体一共包括 3 种动作：0（向左推）、1（不动）或 2（向右推）。

● 回报（Reward）：

小车每走一步，得分减 1，因此回报为-1。

● 游戏状态（Done）：

当小车已到达山顶时，游戏成功。当玩家已花费 200 个回合仍未到达山顶时，游戏失败。在这两种情况下，游戏均结束，此时 Done 为 True；若游戏尚未结束，则 Done 为 False。

强化学习方法的核心在于 Q 函数的学习。给定状态 s，Q-Learning 算法每次选择使动作-价值函数 $q_\pi(s,a')$ 最大的动作 a，并执行该动作进入的下一个状态 s'。然后，计算执行新动作得到的动作-价值函数与执行原有动作得到的动作-价值函数的差值，并通过该差值对 s 状态下的动作-价值函数 $q_\pi(s,a)$ 进行更新。直到智能体进入终止状态，该游戏片段结束。由此可以看出，Q-Learning 算法的核心在于 Q 函数的迭代更新，更新方式为：

$$q_\pi(s,a) \leftarrow q_\pi(s,a) + \alpha[R + \gamma \max_{a'} q_\pi(s',a') - q_\pi(s,a)]$$

为了能够实现对动作-价值函数 q_π 的更新，在 Q-Learning 算法中，需要维护一张 Q 表（Q-Table），以便告诉智能体在某个状态下，执行每一个动作产生的价值，并通过查询 Q 表，选择产生价值最大的动作进行执行。表 8-1 给出了一个 Q 表的例子。

表 8-1　一个 Q 表的例子

state	action 0	action 1	action 2
[0.2, -0.03]	8	-15	-23
[-0.1, 0.01]	29	0	-30
[-0.2, 0.04]	56	-25	72

可以看到，Q 表是一个二维数组，第 1 维表示智能体的状态，第 2 维表示智能体的动作，表示为 Q[状态 s][动作 a]=动作-价值函数 $q_\pi(s,a)$。为了实现 q_π 值的更新，根据 Q 函数的更新公式，在代码实现中定义以下参数：

s：当前状态。

a：当前执行的动作。

next_s：下一个状态。

reward：奖励，执行动作 a 获得的回报。

Q[s][a]：状态 s 下，动作 a 产生的动作价值。

max(Q[next_s])：在最大价值的一个状态下，所有动作价值的最大值。

alpha：学习速率，alpha 越大，则每次迭代对 Q 函数的更新幅度越大。

gama：折扣因子，表示对未来回报的折扣率，gama 越大，表示未来回报的折扣率越小。

因此，Q 函数的更新公式可以用代码表示为：

Q[s][a]=Q[s][a]+alpha*(reward+gama*max(Q[next_s]) - Q[s][a])

有了 Q 函数更新的代码实现之后，按照 Q-Learning 算法即可轻松地实现小车爬山的强化学习。

8.5.4　实验步骤

本实验的实现包括模型训练和模型预测两个部分，实验环境为 TensorFlow 2.0+ Python 3.6。模型训练主要通过 Q-Learning 算法对 Q 函数进行学习，以得到 Q 函数的模型。模型预测则载入训练好的模型，实现游戏的运行。

1. 模型训练

首先，初始化游戏环境，并定义模型训练所需的参数；其次，根据 Q-Learning 算法，对 Q 函数进行迭代学习；最后，保存学习到的 Q 函数。具体的实现如下：

```
import gym
import numpy as np
import pickle #用于保存 Q 函数的模型
from collections import defaultdict
env=gym.make('MountainCar-v0')#创建游戏环境
#初始化 Q 表
Q = defaultdict(lambda: [0, 0, 0])
#初始化 Q 函数更新中所用到的学习速率 alpha 和折扣因子 gama
alpha=0.8 #学习速率
gama=0.95 #折扣因子
iteration = 2000    #设置 Q-Learning 中迭代训练的次数为 2000
score_list = []    #记录所有分数
for i in range(iteration):
    s = env.reset()#重置游戏环境(本局游戏开始)，并初始化 s 的状态
    """
    由于状态的值是连续的，这意味着智能体有无数种状态，无法对 Q 表进行更新，因此我们需
    要对状态进行归一化处理，即将状态中的 R 值映射到包含离散值的固定空间中（如[0, 50]的
    整数）
    通过该方法，就将无数种状态映射到有限种状态了，从而通过 Q 表进行存储。在代码中，我们
    定义了 transform_state() 函数对状态进行归一化处理，将状态映射到[0,50]。该函数将在后续
    给出
    """
    s=transform_state(s)#将状态映射到固定大小的范围
    score = 0#在采取动作之前，初始化玩家的分数为 0
    #如果想要查看训练时的游戏运行过程，可以插入 env.render()函数
    '''
    在每局游戏中，根据 Q 函数的更新公式，对 Q 函数进行迭代更新
```

```
        '''
        while True:
            #找到在状态 s 下，使 Q 函数值最高的动作 a
            a = np.argmax(Q[s])
            #用 ε-贪心策略得到智能体将要采取的动作
            #这里，我们定义一个函数 choose_action 来进行动作的选择#choose_action 函数将在后续
            #给出
            action = chose_action(s,a,i)
            #执行动作，得到下一个状态 next_s、回报 reward 和游戏是否结束的标识 done
            next_s, reward, done, _ = env.step(a)
            #如果想要查看训练时的游戏运行过程，可以插入 env.render()函数
            next_s = transform_state(next_s)
            #根据 Q 函数的更新公式对 Q 表进行更新
            Q[s][a] = Q[s][a] + alpha * (reward + gama * max(Q[next_s])-Q[s][a])
            score = score +reward#更新当前玩家的游戏分数
            s = next_s #将得到的状态作为当前状态，以便继续进行迭代更新
            #当本局游戏结束时，保存本局玩家的游戏分数，并打印当前轮数玩家的最高分数
            if done:
                score_list.append(score)
                print('前', i+1, '局游戏的最高分数为:', score, 'max:', max(score_list))
                break

#保存 Q 函数的模型
with open('./model/MountainCar-v0-model.pickle', 'wb') as f:
    pickle.dump(dict(Q), f)

env.close()#关闭环境
```

将状态映射到固定大小的范围内所使用的 transform_state()函数的代码实现如下：

```
def transform_state(state):
    #将状态 s 的 position 和 velocity 通过线性转换映射到 [0, 50] 范围内
    pos, v = state
    pos_low, v_low = env.observation_space.low
    pos_high, v_high = env.observation_space.high
    a = 50 * (pos - pos_low) / (pos_high - pos_low)
    b = 50 * (v - v_low) / (v_high - v_low)
    return int(a), int(b)
```

采用 ε-贪心策略选取智能体将要采取动作的 choose_action 函数的代码实现如下：

```
#用 ε-贪心策略在状态 s 选择新的动作 a
def chose_action(s,a,i):
    epsilon=0.1
    action=0#初始化要执行的动作 action
    n=100
    #在前 n 轮游戏中，让智能体随机地选择执行动作，以便得到更多的状态
    if i <100:
```

```
        action = np.random.choice([0, 1, 2])
    #根据 ε-贪心策略在状态 s 选择新的动作 a，即智能体有 epsilon 的概率随机地选择执行任意
    #一个动作
    elif epsilon<np.random.random() :
        action=a
    else:
        action=action = np.random.choice([0, 1, 2])
    return action
```

运行以上代码，可以看到结果如图 8-8 所示。

```
前 1995 局游戏的最高分数为: -200.0 max: -153.0
前 1996 局游戏的最高分数为: -200.0 max: -153.0
前 1997 局游戏的最高分数为: -200.0 max: -153.0
前 1998 局游戏的最高分数为: -200.0 max: -153.0
前 1999 局游戏的最高分数为: -200.0 max: -153.0
前 2000 局游戏的最高分数为: -200.0 max: -153.0
```

图 8-8　运行结果

2. 模型预测

当 Q 函数的模型训练完成后，从文件中加载 Q 函数的模型，创建游戏环境，并采用加载的模型运行游戏。实现代码如下：

```
import time
#加载模型
with open('./model/MountainCar-v0-model.pickle', 'rb') as f:
    Q = pickle.load(f)

env = gym.make('MountainCar-v0')
s = env.reset()
score = 0
while True:
    env.render()#显示游戏的运行过程
    time.sleep(0.05)#设置进程的挂起时间为 0.05 秒，使玩家能看到游戏运行
    s = transform_state(s)
    a = np.argmax(Q[s]) if s in Q else 0
    s, reward, done, _ = env.step(a)
    score = score+reward
    if done:
        print('score:', score)
        break
env.close()
```

运行以上代码可以看到，小车可以很快地到达山顶。

习题

8.1 什么是强化学习？

8.2 列举三个强化学习应用的例子。对于这些例子，环境是什么，智能体是什么？

8.3 蛇棋案例。有两个骰子，一个是常规的骰子（1～6 各有 1/6 的出现概率，称为正常骰子），另一个骰子是 1~3 的每个数字出现两次（也就是说 1、2、3 各有 1/3 的出现概率，称为重复骰子）。现在需要选择一个骰子进行投掷，游戏从 1 出发，每次投到多大的数字就往前走多少步，但是棋盘上有一些梯子，每次碰到梯子就需要走到该梯子的另一头，直到走到 100 为止。如果超过 100，则需要按照剩下的步数往回走。设计策略，以在最短的步数内到达终点。

8.4 K-摇臂赌博机案例。K-摇臂赌博机是单步强化学习任务的一个理想模型，该机器共有 k 个摇臂，每次只能选择摇其中一个，每个摇臂会以各自一定的概率掉金币。设计一种策略，以便在有限的摇臂次数下，获得的金币累积最多。

第9章 迁移学习

机器学习作为人工智能的一大类重要方法，针对图像、文本、语音等各类数据产生了大量成熟的模型。但随着大数据时代的来临，数据持续更新、个性化需求出现、应用领域变化，这些模型需要进一步训练、更新、改变，以适用于新数据、新需求、新场景，这属于迁移学习的范畴。本章将介绍几种典型的迁移学习方法，以使读者初步掌握使用TensorFlow 实现迁移学习的方法、步骤和程序设计思路，为以后其他模型的训练、建立、微调奠定实践基础。

9.1 迁移学习原理

9.1.1 什么是迁移学习

机器学习是人工智能的一大类重要方法，也是目前发展最迅速、效果最显著的方法。机器学习让机器自主地从数据中获取知识，从而应用于新的问题。迁移学习作为机器学习的一个重要分支，侧重于将已经学习过的知识迁移应用于新的问题。

迁移学习的核心问题是，找到新问题和原问题之间的相似性，这样才可以顺利地实现知识的迁移。

我们可以用更学术的语言来对迁移学习下一个定义。迁移学习，是指利用数据、任务或模型之间的相似性，将在旧领域学习过的模型应用于新领域的一种学习过程。

9.1.2 迁移学习的基本概念

迁移学习的形式化，是理解问题和找出规律的前提条件。其中，用以描述学习主体的领域、描述学习目标的任务和用来衡量迁移好坏程度的度量准则是最基本的几个概念。

1. 领域（Domain）

领域是进行学习的主体。知识从一个领域传递到另一个领域，就完成了一次迁移。

（1）领域的构成：数据和生成这些数据的概率分布。通常用 D 表示一个领域，用 P 表示一个概率分布，用 x 来表示领域上的数据（向量的表示形式，x_i 表示第 i 个样本或特征），用 X 表示一个领域的数据（一种矩阵形式），用 $\mathcal{X}$ 表示数据的特征空间。

（2）源领域（Source Domain）：是指有知识、有大量数据标注的已知领域，是要迁移的对象，常用 D_s 表示源领域。

（3）目标领域（Target Domain）：是指最终要赋予知识、赋予标注的对象，是未进行标注的领域，常用 D_t 表示目标领域。

2. 任务（Task）

任务是学习的目标。任务主要由两个部分组成：标签和标签对应的函数。通常用 Y 表示一个标签空间，用 $f(\bullet)$ 表示一个学习函数。相应地，用 Y_s 和 Y_t 表示源领域和目标领域的类别空间，用 y_s 和 y_t 分别表示源领域和目标领域的实际类别。

3. 度量准则

度量是迁移学习中的重要工具，用于衡量两个数据域的差异。迁移学习的本质就是找一个变换，使得源领域和目标领域满足一定的度量准则，即距离最小（相似度最大）。度量用来描述源领域和目标领域的距离，用式（9.1）表示。

$$\text{DISTANCE}(D_s, D_t) = \text{DistanceMeasure}(\bullet, \bullet) \tag{9.1}$$

常用的距离度量准则有以下几种。

（1）欧氏距离：定义在两个向量（空间中的两个点）上的欧氏距离，计算公式如式（9.2）所示。

$$d = \sqrt{(\boldsymbol{x} - \boldsymbol{y})^T (\boldsymbol{x} - \boldsymbol{y})} \tag{9.2}$$

（2）闵可夫斯基距离：定义两个向量（点）的 p 阶距离，计算公式如式（9.3）所示。

$$d = (\| \boldsymbol{x} - \boldsymbol{y} \|^p)^{1/p} \tag{9.3}$$

（3）马氏距离：定义在两个向量（两个点）上，这两个数据在同一个分布里，计算公式如式（9.4）所示。

$$d = \sqrt{(\boldsymbol{x} - \boldsymbol{y})^T \boldsymbol{\Sigma}^{-1} (\boldsymbol{x} - \boldsymbol{y})} \tag{9.4}$$

常用的相似度度量准则有以下几种。

（1）余弦相似度：衡量两个向量的相关性（夹角的余弦）。向量 $\boldsymbol{X}$、$\boldsymbol{Y}$ 的余弦相似度计算公式如式（9.5）所示。

$$\cos\theta = \frac{\boldsymbol{X}^T \boldsymbol{Y}}{\| \boldsymbol{X} \| \times \| \boldsymbol{Y} \|} \tag{9.5}$$

（2）互信息：定义在两个概率分布 X、Y 上，$x \in X, y \in Y$。互信息计算公式如式（9.6）所示。

$$I(X, Y) = \sum_{x \in X} \sum_{y \in Y} p(x, y) \log \frac{p(x, y)}{p(x)p(y)} \tag{9.6}$$

（3）皮尔逊相关系数：衡量两个随机变量的相关性。随机变量 X、Y 的皮尔逊相关系数计算公式如式（9.7）所示。

$$\rho(X, Y) = \frac{\text{cov}(X, Y)}{\sigma_X \sigma_Y} = \frac{E[(X - \overline{X})(Y - \overline{Y})]}{\sigma_X \sigma_Y} = \frac{E(XY) - E(X) - E(Y)}{\sqrt{E(X^2) - E^2(Y)}\sqrt{E(Y^2) - E^2(Y)}} \tag{9.7}$$

（4）Jaccard 相关系数：对两个集合 X、Y，判断它们的相关性，计算公式如式（9.8）所示。

$$T(X, Y) = \frac{XY}{\| X \|^2 + \| Y \|^2 - XY} \tag{9.8}$$

常见的机器学习度量准则有以下几种。

（1）KL 散度与 JS 距离是迁移学习中被广泛应用的度量准则。

（2）最大均值差异（Maximum Mean Discrepancy，MMD）是迁移学习中使用频率最高的度量准则之一，它度量再生希尔伯特空间中两个分布的距离，是一种核学习方法。

（3）Principal Angle 将两个分布映射到高维空间（格拉斯曼流形）中，在流形中，两堆数据就可以看成两个点。Principal Angle 用来求这两堆数据对应维度的夹角之和。

（4）A-distance 是一个很简单却很有用的度量准则，它可以用来估计不同分布之间的差异性。

（5）希尔伯特–施密特独立性系数用来检验两组数据的独立性。

（6）Wasserstein Distance 用来衡量两个概率分布之间的距离。

4．迁移学习的形式化

根据以上基本概念，迁移学习的形式化定义如下。

定义：给定一个有标记的源领域 $D_s = \{x_i, y_i\}_{i=1}^{n}$ 和一个无标记的目标领域 $D_t = \{x_j\}_{j=n+1}^{n+m}$。这两个领域的数据分布 $P(x_s)$ 和 $P(x_t)$ 不同，即 $P(x_s) \neq P(x_t)$。迁移学习的目的就是要借助 D_s 的知识来学习目标领域 D_t 的知识（标签）。

迁移学习的定义需要考虑如下内容。

（1）特征空间的异同，即 X_s 和 X_t 是否相等。

（2）类别空间的异同，即 Y_s 和 Y_t 是否相等。

（3）条件概率分布的异同，即 $Q_s(y_s|x_s)$ 和 $Q_t(y_t|x_t)$ 是否相等。

领域自适应（Domain Adaptation）：给定一个有标记的源领域 $D_s = \{x_i, y_i\}_{i=1}^{n}$ 和一个无标记的目标领域 $D_t = \{x_j\}_{j=n+1}^{n+m}$，假定它们的特征空间相同，即 $X_s = X_t$，它们的类别空间也相同，即 $Y_s = Y_t$，条件概率分布也相同，即 $Q_s(y_s|x_s) = Q_t(y_t|x_t)$，但是这两个领域的边缘分布不同，即 $P_s(x_s) \neq P_t(x_t)$。迁移学习的目标就是，利用有标记的源领域 D_s 去学习一个分类器 $f: x_t \rightarrow y_t$ 来预测目标领域 D_t 的标签 $y_t \in Y_t$。

9.1.3　迁移学习的基本方法

迁移学习的基本方法有四种，分别是基于样本的迁移学习方法、基于模型的迁移学习方法、基于特征的迁移学习方法，以及基于关系的迁移学习方法等。

1．基于样本的迁移学习方法

基于样本的迁移学习方法根据一定的权重生成规则，对数据样本进行重用，以进行迁移学习。基于样本的迁移学习方法，简单来说，就是通过权重重用，对源领域和目标领域的样本进行迁移，即直接对不同的样本赋予不同的权重。例如，对相似的样本赋予较高的权重，这样就可以完成迁移。这种迁移学习方法非常直接。

2．基于模型的迁移学习方法

基于模型的迁移学习方法，就是构建参数共享的模型来完成迁移学习的方法。这种迁移学习方法在神经网络中得到了较多的应用，因为神经网络的结构可以直接进行迁移。神经网络中最经典的 finetune 就是模型参数迁移的很好的体现。

3．基于特征的迁移学习方法

基于特征的迁移学习方法，就是更进一步对特征进行变换来完成迁移学习的方法。假设源领域和目标领域的特征原来不在一个空间，或者它们在原来那个空间上不相似，我们想办法把它们变换到一个空间中，使得这些特征变得较为相似。

4．基于关系的迁移学习方法

基于关系的迁移学习方法用得比较少，其主要挖掘和利用关系进行类比迁移。

9.2 基于模型的迁移学习方法实现

在 TensorFlow 中，一般采用基于模型的迁移学习方法，即利用神经网络或深度学习模型进行迁移学习。基于模型的迁移学习方法的实现非常简单，一般来说通常包括三个步骤：导入已有的预训练模型、模型的复用及基于新模型的预测。

9.2.1 导入已有的预训练模型

基于模型的迁移学习方法主要对神经网络的结构及各网络层上的参数权重进行迁移。例如，第 6 章中介绍了基于卷积神经网络的手写数字识别方法，假设我们之前已经在只包含0～6的手写数字数据集上进行了预训练，并得到了预训练模型。现在要将训练好的模型迁移到包含 7～9 的数据集上来进行手写数字的识别。由于无论是 0～6 的手写数字，还是7～9的手写数字，都具有较为相似的特征，而我们一般认为卷积神经网络的前几层提取的特征为较低级的特征（如图像的边缘和轮廓等），且 0～9 手写数字的低级特征相同，因此，对于手写数字识别模型中卷积神经网络的前几层，我们不必重新训练这些层的参数权重，只需要对后面几层的参数进行重新训练。进而，为了在预训练模型的基础上实现模型迁移，我们应该首先导入之前在 0～6 上训练得到的神经网络模型。

假设预训练中保存的.h5 格式的模型文件的路径为"/models/mnist_model.h5"，采用以下代码进行预训练模型的导入，以便下一步对该模型进行复用：

```
import tensorflow as tf
#从模型文件中导入预训练模型
base_model=tf.keras.models.load_model("/models/mnist_model.h5")
```

我们可以通过 model.summary()方法查看预训练模型的结构：

```
base_model.summary()
```

9.2.2 模型的复用

对于导入的预训练模型，我们可以冻结、替换某些层来实现对预训练模型的复用。如上所述，基于模型的迁移学习方法一般都会固定预训练模型前面几层的参数权重，而只对后面的神经网络层的结构和权重参数进行训练。

我们可以通过以下方式对预训练模型及其各层进行操作。

（1）查看预训练模型的所有网络层：

```
base_model.layers
```

该方法可以返回每个网络层的对象，返回的数据类型为 list。

（2）将某些层参数设置为不可变。

在进行模型迁移时，预训练模型前几层的参数权重不需要重新训练，因此我们必须固定这些层的参数权重。假设我们对预训练模型的第 0 层参数进行固定，则可以采用以下代码实现：

```
base_model.layers[0].trainable=False
```

（3）替换某些层。

在进行迁移学习时，我们通常需要替换预训练的某些层，并对这些层重新进行训练。例如，在上述手写数字识别的迁移学习中，预训练模型主要实现 0~6 手写数字的识别，因此其输出层的节点个数为 7，该层的结构用代码表示为：

```
tf.keras.layers.Dense(7,activation="softmax")
```

而在新的预测模型中，由于我们要实现 7~9 手写数字的识别，因此输出层的节点个数应为 3，我们用以下代码构建一个新的输出层：

```
prediction_layer = tf.keras.layers.Dense(3,activation="softmax")
```

最后，用新的输出层代替原来的输出层，即首先从预训练模型中得到除最后一个输出层以外的所有网络层，然后通过序贯模型将得到的这些网络层和新的输出层合并。

```
#复用原模型的前若干层
l_layer=len(base_model.layers)
new_model=Sequential(base_model.layers[0:(l_layer-1)])
#用原模型的前若干层和新的输出层合成新模型
new_model.add(new_output)
```

9.2.3 基于新模型的预测

在得到新的预测模型后，用新的模型在训练数据集上进行训练。其代码如下：

```
new_model.compile(optimizer='adam',
                  loss='sparse_categorical_crossentropy',
                  metrics=['accuracy'])
new_model.fit(x_train, y_train, epochs=5)
```

其中，x_train 和 y_train 为新模型中使用的训练数据。

在训练完毕后，我们即可用新的训练模型在测试集上进行预测，其代码如下：

```
y_pred=new_model.predict(x_test)
```

9.3 基于 VGG-19 的迁移学习实现

9.3.1 VGG-19 的原理

VGGNet 是牛津大学计算机视觉组和 Google DeepMind 公司的研究员一同提出的深度卷积神经网络。与之前的卷积神经网络相比，VGGNet 的准确率有较大幅度的提高，图片识别的 top-5 正确率达到了 92.7%。目前，VGGNet 仍经常被用于图像分类任务。不仅如此，VGGNet 的拓展性很强、泛化性好，可以轻松地将训练好的模型迁移到其他图片数据上。因此，VGGNet 也常常被用于图像分类的迁移学习。

VGGNet 模型主要有 VGG-16 和 VGG-19 两种版本。本书采用 VGG-19 作为本节迁移学习的实现示例。

图 9-1 给出了 VGG-19 的简单结构。

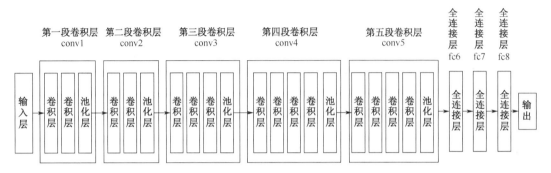

图 9-1　VGG-19 的简单结构

从图 9-1 可以看到，VGG-19 一共有五段卷积，每段卷积内有 2~4 个卷积层，同时每段卷积层的尾部会连接一个池化层，用来缩小图片尺寸，五段卷积层之后为三个全连接层，最后通过 Softmax 分类函数对图片的类别进行预测。各个段的配置如下。

（1）第一段卷积层 conv1：该段卷积层共包含 2 个卷积层和 1 个池化层。其中，卷积核大小为 3×3，移动步长为 1；池化层的最大池化尺寸为 2×2，步长为 2。

（2）第二段卷积层 conv2：该段卷积层共包含 2 个卷积层和 1 个池化层。其中，卷积核大小为 3×3，移动步长为 1；池化层的最大池化尺寸为 2×2，步长为 2。

（3）第三段卷积层 conv3：该段卷积层共包含 4 个卷积层和 1 个池化层。其中，卷积核大小为 3×3，移动步长为 1；池化层的最大池化尺寸为 2×2，步长为 2。

（4）第四段卷积层 conv4：该段卷积层共包含 4 个卷积层和 1 个池化层。其中，卷积核大小为 3×3，移动步长为 1；池化层的最大池化尺寸为 2×2，步长为 2。

（5）第五段卷积层 conv5：该段卷积层共包含 4 个卷积层和 1 个池化层。其中，卷积核大小为 3×3，移动步长为 1；池化层的最大池化尺寸为 2×2，步长为 2。

（6）全连接层 fc6：该层的输入为经过平坦化的图像特征，输出为 4096 个神经元节点。

（7）全连接层 fc7：该层的输入为上一层输出的 4096 个神经元节点，输出同样为 4096 个神经元节点。

（8）全连接层 fc8：该层的输入为上一层输出的 4096 个神经元节点，输出为 1000 个神经元节点。该层采用 Softmax 函数进行分类，并得到预测值。

9.3.2　基于 VGG-19 的迁移学习的原理及实现

VGGNet 主要用于图片信息的识别。在采用 TensorFlow 处理实际的分类问题时，通常采用正态随机的方法初始化卷积层和全连接层等神经网络各层的权重，然后根据大量的训练集对 VGGNet 模型进行训练。然而，由于 VGGNet 的层数和每层包含的节点数都较多，根据大量的训练集对 VGGNet 的参数进行训练需要耗费大量的时间。对新的图片分类训练数据集，每一次都从头对整个 VGGNet 进行训练，这无疑是不可行的。

既然我们已经在一些训练数据集上对 VGGNet 模型进行了训练，而且训练得到的模型能够达到较好的图片识别效果，那么对于相似的数据集和图片分类问题，为什么不能用之前训练得到的各个参数指导新的 VGGNet 模型的参数训练，从而减少训练的时间呢？这就需要将之前学习到的 VGGNet 模型在新的数据集上进行迁移。类似 9.2 节介绍的手写数字识别上的迁移学习方法，在新的数据集上训练 VGGNet 时，同样可以直接固定卷积神经网络前几层的参数，而只对最后一个输出层的参数进行训练，从而减少需要训练的参数，提高在新数据集上进行训练的效率。

TensorFlow 中集成了各种图像分类算法的预训练模型，如 VGG-16、VGG-19、Inception V3、MobileNet 和 ResNet 等。这些模型大多是基于 ImageNet 大规模图片数据集进行训练的网络，因此具有较好的泛化性。每个预训练的模型保存为一个后缀为 ".h5" 的模型文件，其中包含了各种知名模型中各个层的所有参数。

下面给出基于 VGG-19 预训练模型进行模型迁移的训练过程。基于 VGG-19 预训练模型的迁移学习可以分为三步：导入已有的预训练模型、模型的复用及基于新模型的预测。

1. 导入已有的预训练模型

由于 TensorFlow 中已经集成了 VGG-19 的预训练模型及其参数权重，因此导入 VGG-19 预训练模型的方法非常简单，其代码如下：

```
import tensorflow as tf
base_model=tf.keras.applications.VGG19(input_shape=(224,224,3),weights='imagenet',include_top=False)
```

在 tf.keras.applications.VGG19()函数中，主要包括以下三个重要参数。

（1）input_shape：表示 VGG-19 模型所要求的输入图像尺寸。由于在 VGG-19 中，要求输入的图像为 224 像素×224 像素的彩色图像（彩色图像的通道数量为 3），因此这里设置 input_shape=(224,224,3)。

（2）weights：表示预训练的权重文件来源。这里 weights='imagenet'表示预训练模型的权重参数是在 ImageNet 数据集上训练后得到的。

（3）include_top：表示是否包含最后一个输出层。我们只需要利用预训练模型前面的网络层，而最后一个输出层必须满足当前任务的需求（主要是由于图像类别的个数与预训练模型不同），需要重新定义。因此，include_top 参数的值通常都设为 False，表示不包含最后一个输出层。

在获得所需的网络层后，将这些不需要重新训练的层的所有参数设置为不可训练，其代码如下：

```
base_model.layers.trainable=False
```

2. 模型的复用

根据新数据集的图像类别数量，重新定义一个全连接层作为新的输出层。假设新数据集的图像类别数量为 5，则构建新的输出层的代码如下：

```
prediction_layer=tf.keras.layers.Dense(5,activation="softmax")
```

然后，我们定义一个序贯模型，并将得到的预训练模型的各层与新的输出层合并，代码如下：

```
new_model=tf.keras.Sequential()
new_model.add(base_model)
new_model.add(prediction_layer)
```

3. 基于新模型的预测

在得到新的预测模型后，在新的训练数据集上进行训练，代码如下：

```
new_model.compile(optimizer='adam',
                  loss='sparse_categorical_crossentropy',
                  metrics=['accuracy'])
new_model.fit(image, label, epochs=5)
```

其中，image 和 label 为新的训练数据集中包含的图片和标签。当然，为了使输入数据的尺寸满足 VGG-19 模型的需要，image 的尺寸一般需要进行格式化。下面给出常见的图像尺寸格式化的方法对应的函数：

```
img_size =(224,224,3)
def format_img(image,label):
    image = tf.cast(image,tf.float32) #将图片转为 float32 格式
    image = image/255.0 #图片归一化
    image = tf.image.resize(image,img_size) #修改图片尺寸为 VGG-19 所需的大小
    return image,label
```

在新的训练数据集上训练完毕后，即可用该模型在测试集上进行预测，代码如下：

```
y_pred=new_model.predict(image_test)
```

其中，image_test 为用于分类的图像数据。

9.4 实验：基于 Inception V3 的迁移学习

9.4.1 实验目的

（1）了解迁移学习的基本原理。

（2）了解 TensorFlow 中图片的预处理方法。

（3）了解 TensorFlow 中 Inception V3 模型的构建流程。

（4）了解如何基于 TensorFlow 实现参数的微调。

（5）运行程序，看到结果。

9.4.2 实验要求

本次实验后，要求学生能：

（1）了解迁移学习的工作原理。

（2）了解如何对图片数据进行预处理。

（3）了解如何加载预训练模型。

（4）了解 TensorFlow 实现迁移学习的主要流程。

（5）用代码实现基于 Inception V3 的图片分类。

9.4.3　实验原理

InceptionNet 是 Google 于 2014 年提出的网络结构，因此也被称为 GoogLeNet。不同于 VGGNet 和 AlexNet 中采用的多层顺序叠加的结构，InceptionNet 中使用了一种叫作Inception 的模块，这种模块可以对输入图像并行地执行多个卷积或池化操作，并将不同的卷积和池化操作的结果通过拼接（Concat）操作拼接成一个较深的特征图。图 9-2 给出了一个 Inception 模块的例子。

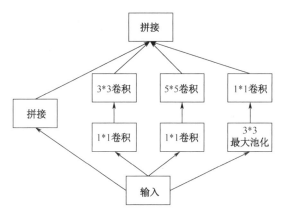

图 9-2　一个 Inception 模块的例子

在图 9-2 中，具有不同卷积核大小的卷积层和池化层对输入进行特征抽取，然后通过拼接操作拼接特征。由于通过不同的卷积与池化操作可以获得输入图像的不同信息，因此将同时结合不同卷积层和池化层的输出作为输入图像的特征图，可以得到更好的图像分类效果。

基于多个 Inception 模块堆叠构建的 InceptionNet 的网络结构如图 9-3 所示。

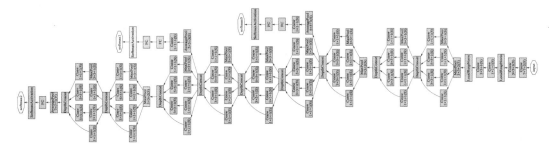

图 9-3　InceptionNet 的网络结构

在本实验中，我们以 tf_flower 数据集为例，介绍基于 TensorFlow 的 Inception V3 模型的迁移实现。tf_flower 数据集是一个公开的花卉数据集，常被用作图像分类的基准数据集。该数据集一共包括五种类型的花卉信息，分别为 daisy、dandelion、roses、sunflowers、tulips。可以通过网络下载该数据集，得到一个名为 flower_photos.tgz 的压缩文件；也可以在 TensorFlow 中通过代码下载该数据集，用于下载该数据集的代码如下：

```
import tensorflow_datasets as tfds
tfds.load(name="tf_flowers")
```

在本实验中，我们先下载该数据集，然后对数据集的压缩文件进行解压。如图 9-4 所示，可以看到解压后得到一个名为 flower_photos 的文件夹，该文件夹下包含五个子文件夹，分别包含 daisy、dandelion、roses、sunflowers、tulips 五个类型的花卉照片，照片的格式为 jpg。

daisy   dandelion   roses   sunflowers   tulips

图 9-4   tf_flower 数据集下的五个子文件夹

基于以上的 tf_flower 数据集，我们利用 Inception V3 模型进行迁移学习，该过程可以分为以下三个步骤。

（1）数据预处理。将 tf_flower 数据集转换为机器可识别的编码格式。

（2）模型的迁移和构建。对预训练模型进行复用和迁移，以得到新的模型，用于图像分类。

（3）模型的训练与测试。基于新模型在 tf_flower 数据集上进行参数权重的训练，并利用新的训练模型对图片数据进行分类，然后测试准确率。

9.4.4   实验步骤

本实验的实验环境为 TensorFlow 2.0+Python 3.6。具体的实现步骤如下。

1. 数据预处理

为了使用 Inception V3 模型实现在 tf_flower 数据集上的迁移学习，首先将 tf_flower 数据集的图片信息转换为 TensorFlow 中可以接收的输入。定义一个名为 generate_Image_Dataset 的函数对 tf_flower 数据集进行编码格式的转换，以获得训练集和测试集。其实现代码如下：

```
def generate_Image_Dataset():
    #从 tf_flower 数据集中生成训练集和测试集
    #一般来说，在构建图像数据集时，会新建一个 list，并将处理后的图像加入 list 中，并用 np.array()
    #方法将 list 转换为 numpy 格式
    #但由于 np.array()方法在多维数组较大时运行速度较慢，因此本书中采用 np.vstack()进行处理
    #后的图像数据的合并，并对应地采用 np.empty()方法进行训练集图像数据的初始化。后续的
    #注释中同样给出了采用 list 方法构建图像数据时应使用的代码
    train_images=np.empty((0,299,299,3));#初始化训练集
    #train_images=[];#初始化训练集
    train_labels=[]; #初始化训练集标签
    test_images=np.empty((0,299,299,3));#初始化测试集
```

```
#test_images=[]; #初始化测试集
test_labels=[]; #初始化测试集标签
file_dir='./data/flower_photos/' #tf_flower 数据集的文件路径
sub_dirs=[]#子文件夹 sub_dirs
flower_class=[]#花卉的分类 flower_class
#得到 tf_flower 数据集下的所有子文件夹
for filename in os.listdir(file_dir):
    filepath = os.path.join(file_dir, filename)
    if not os.path.isfile(filepath):
        #将各个子文件夹的路径加入 sub_dirs
        sub_dirs.append(filepath)
        #将图片的分类名称加入 flower_class
        flower_class.append(filename)
print('数据集的子目录为',sub_dirs)
current_label=0 #current_label 为当前分类的编号
#对于每一个分类
for sub_dir in sub_dirs:
    #对于分类下的每一张图片
    for image_name in os.listdir(sub_dir):
        #生成各个照片的路径
        image_path=sub_dir+'/'+image_name
        #gfile.Gfile(filename, mode)为获取文本操作句柄，类似文本操作的 open()函数，其中
        # filename 是要打开的文件名，mode 是以何种方式去读写，该函数将会返回一个文
        #本操作句柄
        image_raw_data=tf.io.gfile.GFile(image_path,'rb').read();
        #将各个照片转换为编码格式
        image=tf.image.decode_jpeg(image_raw_data)
        #将照片的编码转换为 float32 类型
        image=tf.image.convert_image_dtype(image,dtype=tf.float32)
        image=tf.image.resize(image,[299,299])
        #从数据集中选择 10%的数据作为测试集，将其他数据作为训练集
        rand=np.random.randint(100)
        test_percent=10
        if rand<test_percent:
            test_images=np.vstack((test_images,image[np.newaxis,:]))
            #test_images.append(image)
            test_labels.append(current_label)
        elif rand<100:
            train_images=np.vstack((train_images,image[np.newaxis,:]))
            #train_images.append(image)
            train_labels.append(current_label)
    current_label=current_label+1
    print(current_label)
```

```
#将 train_labels 和 test_labels 转换为 numpy 格式
train_labels,test_labels=np.array(train_labels),np.array(test_labels)
#若以 list 来存储 train_images,test_images，则也需要进行数据类型的转换
train_images,test_images=np.array(train_images),np.array(test_images)
#对训练数据重新进行洗牌，从而获得更好的模型训练效果
state=np.random.get_state()
np.random.shuffle(train_images)
np.random.set_state(state)
np.random.shuffle(train_labels)
return train_images,train_labels,test_images,test_labels
```

我们调用 generate_Image_Dataset 函数实现 tf_flower 数据集上的训练集和测试集的生成。其代码如下：

```
x_train,y_train,x_test,y_test=generate_Image_Dataset()
#打印训练集和测试集的数目
print("训练集的数目为", x_train.shape[0])
print("测试集的数目为", x_test.shape[0])
```

打印训练集和测试集的图像数目可得：

训练集的数目为 3291

测试集的数目为 379

2. 模型的迁移和构建

在得到训练集和测试集后，我们将根据训练集对 Inception V3 模型进行复用和迁移。类似于 VGG-19 模型的迁移方法，我们同样固定除输出层以外的所有层的权重参数，而只对 Inception V3 模型的最后一层进行重新训练。其代码实现如下：

```
import tensorflow as tf
base_model=tf.keras.applications.InceptionV3(input_shape=(299,299,3),weights= 'imagenet', include_top=False)
#设置 base_model 中的权重参数为不可训练
base_model.layers.trainable=False
```

通过 model.summary()方法打印 base_model 的结构，代码如下：

```
base_model.summary()
```

图 9-5 为打印出的模型最后几层的结构。可以看到，我们导入的模型的最后一层为特征的合并层，该层共包含 2048 个 8×8 的卷积核。

```
concatenate_3 (Concatenate)      (None, 8, 8, 768)      0        activation_185[0][0]
                                                                 activation_186[0][0]

activation_187 (Activation)      (None, 8, 8, 192)      0        batch_normalization_187[0][0]

mixed10 (Concatenate)            (None, 8, 8, 2048)     0        activation_179[0][0]
                                                                 mixed9_1[0][0]
                                                                 concatenate_3[0][0]
                                                                 activation_187[0][0]
==================================================================================================
Total params: 21,802,784
Trainable params: 0
Non-trainable params: 21,802,784
```

图 9-5　打印出的模型最后几层的结构

为了进行图像类别的预测，我们需要先定义一个 Flatten 层，以便将上面抽取的卷积核图像特征"压平"，即把多维的输入一维化。根据新数据集的图像类别数量，我们又重新定义了一个全连接层作为新的输出层。由于 tf_flowers 数据集的花卉类别数量为 5，因此我们构建一个节点数量为 5 的新的输出层，其代码如下：

```
flatten_layer=tf.keras.laycrs.Flatten()
prediction_layer=tf.keras.layers.Dense(5,activation='softmax')
```

定义一个序贯模型，并将得到的预训练模型的各层与新的输出层合并，代码如下：

```
new_model=tf.keras.Sequential([base_model,flatten_layer,prediction_layer])
```

3. 模型的训练与测试

在得到新的预测模型之后，在 tf_flowers 训练数据集上进行训练。其代码如下：

```
new_model.compile(optimizer='adam',
                  loss='sparse_categorical_crossentropy',
                  metrics=['accuracy'])
new_model.fit(image, label, batch_size=64, epochs=5)
```

经过五轮迭代，模型训练完成，训练集上的准确率为 0.9420。

我们在测试集上进行花卉分类效果的测试，并度量该预测模型的准确率。其代码如下：

```
test_loss,test_acc=new_model.evaluate(x_test, y_test)
print("迁移学习的准确率为",test_acc)
```

其在测试集上的花卉分类准确率为 0.6490765。

习题

9.1　简述迁移学习的种类和迁移方法。

9.2　查阅资料，描述 VGG-16 模型的网络结构。

9.3　查阅资料，描述 AlexNet 模型的网络结构。

9.4　实现基于 ResNet V1 模型的迁移学习。

第10章 生成对抗网络

生成对抗网络（Generative Adversarial Network，GAN）采用无监督学习的方式，自动从源数据中学习，在不需要人工对数据集进行标记的情况下就可以产生令人惊叹的效果。本章先分析 GAN 的工作原理，用实例验证 GAN，阐述 DCGAN 的工作原理并用代码实现；然后通过比较各个 GAN 的衍生模型，加深读者对 GAN 的理解。

10.1 GAN 概述

Ian Goodfellow 于 2014 年提出 GAN 模型，它是一种两个神经网络相互竞争的特殊对抗过程模型，第一个网络生成数据，第二个网络试图区分真实数据与第一个网络创造出来的假数据，会生成一个在[0,1]的标量，代表数据是真实数据的概率。

GAN 的核心思想是博弈论中的纳什均衡，它要求参与双方分别为一个生成器（Generator）和一个判别器（Discriminator），这两个模型均采用深度神经网络，我们需要同时训练两个模型，即一个能捕获数据分布的生成模型（生成器）G 和一个能判别数据来源的判别模型（判别器）D。生成器 G 的训练过程是学习真实的数据分布，判别器 D 判别输入数据是来自真实数据还是来自生成器，如图 10-1 所示。

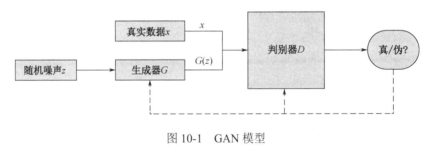

图 10-1　GAN 模型

因此，这一模型对应于两个参与者的极小极大博弈，训练判别器 D 也是最小化交叉熵的过程，其损失函数为：

$$\text{Obj}^D(\theta_D, \theta_G) = -\frac{1}{2}E_{x \sim p_{\text{data}}}(x)[\log D(x)] - \frac{1}{2}E_{Z \sim P_z}(z)[\log(1 - D(d(z)))]$$

在所有可能的函数 G 和 D 中，我们可以求出唯一均衡解，即 G 可以生成与训练样本相同的分布，而 D 判别得到的概率为 1/2。

10.2 GAN 的目标函数

我们训练生成器 D 以最大化正确分配真实样本和生成样本的概率，因此可以通过最

小化 $\log(1-D(G(z)))$ 同时训练 G，也就是说，判别器 D 和生成器 G 对价值函数 $V(G,D)$ 进行了极小极大化博弈。

GAN 的目标函数如下：

$$\min\max V(D,G) = E_{x \sim p_{\text{data}}}(x)[\log D(x)] + E_{z \sim p_z}(z)[\log(1 - D(G(Z)))]$$

式中各个符号的含义如下。

（1）x 是样本真实的图片，z 是输入生成器的噪声。

（2）$E_{x \sim p_{\text{data}}}(x)$ 表示样本分布，$E_{z \sim p_z}(z)$ 表示噪声分布，通过一个数据空间映射到 $p_g(x, z)$，模型的最终目标就是使得 $p_g(x, z)$ 尽可能拟合 $E_{x \sim p_{\text{data}}}(x)$。

（3）$D(x)$ 是判别器 D 判断图片是否真实的概率，$D(G(z))$ 是判别器 D 判断生成器 G 生成图片为真实的概率。

（4）G 的目标是 $D(G(z))$ 尽可能大，$\log(1-D(G(z)))$ 尽可能小，此时 $V(D,G)$ 才会变小。

（5）D 的目标是 $D(x)$ 尽可能大，$D(G(x))$ 尽可能小，只有这样 $V(D,G)$ 才会变大。

10.3　GAN 的实现

为了实现方便，我们选择简单的两层神经网络在 MNIST 数据集上实现，MNIST 数据集由 28 像素×28 像素的手写字母组成。

```python
import numpy as np
import tensorflow as tf
from tensorflow.keras import layers
import matplotlib.pyplot as plt

#加载 MNIST 数据集
mnist_path = "mnist.npz"    #替换为实际路径
with np.load(mnist_path) as data:
    x_train = data['x_train']    #图像数据

#将图像数据归一化到[-1, 1]
x_train = (x_train.astype(np.float32) - 127.5) / 127.5

#定义生成器
def build_generator(z_dim):
    model = tf.keras.Sequential()
    model.add(layers.Dense(256, input_dim=z_dim))
    model.add(layers.LeakyReLU(alpha=0.2))
    model.add(layers.BatchNormalization())
    model.add(layers.Dense(512))
    model.add(layers.LeakyReLU(alpha=0.2))
    model.add(layers.BatchNormalization())
    model.add(layers.Dense(784, activation='tanh'))
    model.add(layers.Reshape((28, 28, 1)))
```

```
        return model

#定义判别器
def build_discriminator(img_shape):
    model = tf.keras.Sequential()
    model.add(layers.Flatten(input_shape=img_shape))
    model.add(layers.Dense(512))
    model.add(layers.LeakyReLU(alpha=0.2))
    model.add(layers.Dense(256))
    model.add(layers.LeakyReLU(alpha=0.2))
    model.add(layers.Dense(1, activation='sigmoid'))
    return model


#设置参数
z_dim = 100
img_shape = (28, 28, 1)
batch_size = 64
epochs = 80


#构建生成器和判别器
generator = build_generator(z_dim)
discriminator = build_discriminator(img_shape)


#定义损失函数和优化器
cross_entropy = tf.keras.losses.BinaryCrossentropy()
generator_optimizer = tf.keras.optimizers.Adam(learning_rate=0.0002)
discriminator_optimizer = tf.keras.optimizers.Adam(learning_rate=0.0002)


#定义训练过程
@tf.function
def train_step(batch):
    noise = tf.random.normal([batch.shape[0], z_dim])

    with tf.GradientTape() as gen_tape, tf.GradientTape() as disc_tape:
        generated_images = generator(noise, training=True)

        real_output = discriminator(batch, training=True)
        fake_output = discriminator(generated_images, training=True)

        gen_loss = cross_entropy(tf.ones_like(fake_output), fake_output)
        disc_loss_real = cross_entropy(tf.ones_like(real_output), real_output)
        disc_loss_fake = cross_entropy(tf.zeros_like(fake_output), fake_output)
        disc_loss = disc_loss_real + disc_loss_fake
```

```
        gradients_of_generator = gen_tape.gradient(gen_loss, generator.trainable_variables)
        gradients_of_discriminator = disc_tape.gradient(disc_loss, discriminator.trainable_variables)
        generator_optimizer.apply_gradients(zip(gradients_of_generator, generator.trainable_variables))
        discriminator_optimizer.apply_gradients(zip(gradients_of_discriminator, discriminator.trainable_variables))

        return gen_loss, disc_loss, disc_loss_real, disc_loss_fake

#训练 GAN
gen_losses = []
disc_losses = []
disc_real_losses = []
disc_fake_losses = []

for epoch in range(epochs):
    gen_losses_epoch = []
    disc_losses_epoch = []
    disc_real_losses_epoch = []
    disc_fake_losses_epoch = []

    for batch in tf.data.Dataset.from_tensor_slices(x_train).shuffle(x_train.shape[0]).batch(batch_size):
        gen_loss, disc_loss, disc_loss_real, disc_loss_fake = train_step(batch)
        gen_losses_epoch.append(gen_loss.numpy())
        disc_losses_epoch.append(disc_loss.numpy())
        disc_real_losses_epoch.append(disc_loss_real.numpy())
        disc_fake_losses_epoch.append(disc_loss_fake.numpy())

    gen_losses.extend(gen_losses_epoch)
    disc_losses.extend(disc_losses_epoch)
    disc_real_losses.extend(disc_real_losses_epoch)
    disc_fake_losses.extend(disc_fake_losses_epoch)

    print(f"Epoch {epoch + 1}, Generator Loss: {np.mean(gen_losses_epoch)}, "
          f"Discriminator Loss: {np.mean(disc_losses_epoch)}, "
          f"Discriminator Real Loss: {np.mean(disc_real_losses_epoch)}, "
          f"Discriminator Fake Loss: {np.mean(disc_fake_losses_epoch)}")

    if (epoch + 1) % 10 == 0:    #每隔 10 个周期保存一次生成的图像
        #生成示例图像
        noise = tf.random.normal([16, z_dim])
        generated_images = generator(noise, training=False)
        generated_images = (generated_images + 1) / 2.0    #转换为[0,1]范围

        #绘制生成的图像
```

```
            plt.figure(figsize=(4, 4))
            for i in range(16):
                plt.subplot(4, 4, i + 1)
                plt.imshow(generated_images[i, :, :, 0], cmap='gray')
                plt.axis('off')
            plt.savefig(f'generated_image_epoch_{epoch + 1}.png')
            plt.show()

#绘制损失函数图表
plt.figure(figsize=(12, 6))

#使用正确的 epochs 范围
epochs_range = range(1, epochs + 1)

#记录每个 epoch 的生成器和判别器损失值
gen_losses_at_epochs = []
disc_losses_at_epochs = []
disc_real_losses_at_epochs = []
disc_fake_losses_at_epochs = []

for epoch in range(epochs):
    gen_losses_at_epochs.append(np.mean(gen_losses[epoch * len(x_train) // batch_size:(epoch + 1) *
len(x_train) // batch_size]))
    disc_losses_at_epochs.append(np.mean(disc_losses[epoch * len(x_train) // batch_size:(epoch + 1) *
len(x_train) // batch_size]))
    disc_real_losses_at_epochs.append(np.mean(disc_real_losses[epoch * len(x_train) // batch_size:(epoch
+ 1) * len(x_train) // batch_size]))
    disc_fake_losses_at_epochs.append(np.mean(disc_fake_losses[epoch * len(x_train) // batch_size:(epoch + 1)
* len(x_train) // batch_size]))

    plt.plot(epochs_range, gen_losses_at_epochs, label='Generator Loss', alpha=0.5)
    plt.plot(epochs_range, disc_losses_at_epochs, label='Discriminator Loss', alpha=0.5)
    plt.plot(epochs_range, disc_real_losses_at_epochs, label='Discriminator Real Loss', alpha=0.5)
    plt.plot(epochs_range, disc_fake_losses_at_epochs, label='Discriminator Fake Loss', alpha=0.5)

    plt.xlabel('Epoch')
    plt.ylabel('Loss')
    plt.legend()
    plt.grid(True)
    plt.show()
```
迭代 40000 次生成的数字图像如图 10-2 所示。

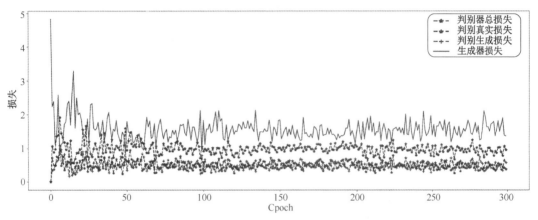

图 10-2　迭代 40000 次生成的数字图像

GAN 损失函数曲线如图 10-3 所示。

图 10-3　GAN 损失函数曲线

10.4　深度卷积生成对抗网络

深度卷积生成对抗网络（Deep Convolutional Generative Adversarial Networks，DCGAN）是由 Alec Radford 在论文 *Unsupervised Representation Learning with Deep Convolutional Generative Adversarial Networks* 中提出的。它在 GAN 的基础上增加深度卷积网络结构，专门生成图像样本。在 DCGAN 中，判别器 *D* 的输入是一张图像，输出是这张图像为真实图像的概率。它的结构是一个卷积神经网络，输入的图像经过若干层卷积后得到一个卷积特征，将得到的卷积特征输入 Logistic 函数。生成器 *G* 的网络结构如表 10-1 所示。

表 10-1　生成器 *G* 的网络结构

属性名	内容	大小
mnist.train.images	训练图像	(55000,784)
mnist.train.labels	训练标签	(55000,10)
mnist.validation.images	验证图像	(55000,784)
mnist.validation.labels	验证标签	(55000,10)
mnist.test.images	测试图像	(10000,784)
mnist.test.labels	测试标签	(10000,10)

G 的输入是一个 100 维的向量 z，它的第一层实际是一个全连接层，将 100 维的向量变成一个 4×4×1024 维的向量；从第二层开始，使用转置卷积做上采样，然后逐渐减少通道数，最后得到的输出为 64×64×3，即输出一个三通道的宽和高都为 64 的图像。

10.4.1 DCGAN 结构图

DCGAN 的原理和 GAN 一样，只是把 CNN 用于 GAN，生成器 G 在生成数据时，使用反卷积的重构技术来重构原始图片；判别器 D 用卷积技术来识别图片特征，进而做出判别。同时，DCGAN 中的卷积神经网络也做了一些结构改变，以提高样本的质量和收敛速度。

DCGAN 的生成器网络结构如图 10-4 所示。

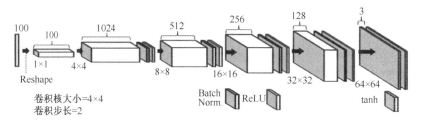

图 10-4　DCGAN 的生成器网络结构

生成器网络结构中使用 ReLU 作为激活函数，最后一层使用 tanh 作为激活函数并去掉了全连接层，使网络变为全卷积网络。

DCGAN 的判别器网络结构如图 10-5 所示。

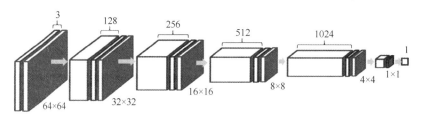

图 10-5　DCGAN 的判别器网络结构

判别器中取消所有的池化层，使用转置卷积层（Transposed Convolutional Layer）并且以大于或等于 2 的步长进行上采样（池化），即使用转置卷积替代池化。

判别器和生成器中均使用批量归一化（Batch Normalization），但在最后一层通常不使用批量归一化，这是为了保证模型能够学习到数据的正确均值和方差。

判别器中使用 LeakyReLU 作为激活函数。

DCGAN 中的生成器和判别器均为 CNN，尤其在生成器部分有更好的模拟效果，DCGAN 在训练过程中使用 Adam 优化算法。

10.4.2 DCGAN 的实现

DCGAN 的实现代码如下：

```python
import tensorflow as tf
from tensorflow.keras import layers
import matplotlib.pyplot as plt
import numpy as np

#设置随机种子
tf.random.set_seed(42)
np.random.seed(42)

#超参数
noise_dim = 100
batch_size = 128
epochs = 2000
sample_interval = 200

#构建生成器模型
def build_generator():
    model = tf.keras.Sequential()
    model.add(layers.Dense(7 * 7 * 256, use_bias=False, input_shape=(noise_dim,)))
    model.add(layers.BatchNormalization())
    model.add(layers.LeakyReLU())

    model.add(layers.Reshape((7, 7, 256)))

    model.add(layers.Conv2DTranspose(128, (5, 5), strides=(1, 1), padding='same', use_bias=False))
    model.add(layers.BatchNormalization())
    model.add(layers.LeakyReLU())

    model.add(layers.Conv2DTranspose(64, (5, 5), strides=(2, 2), padding='same', use_bias=False))
    model.add(layers.BatchNormalization())
    model.add(layers.LeakyReLU())

    model.add(layers.Conv2DTranspose(1, (5, 5), strides=(2, 2), padding='same', use_bias=False,
activation='tanh'))

    return model

#构建判别器模型
def build_discriminator():
    model = tf.keras.Sequential()
    model.add(layers.Conv2D(64, (5, 5), strides=(2, 2), padding='same', input_shape=(28, 28, 1)))
    model.add(layers.LeakyReLU())
    model.add(layers.Dropout(0.3))
```

```
        model.add(layers.Conv2D(128, (5, 5), strides=(2, 2), padding='same'))
        model.add(layers.LeakyReLU())
        model.add(layers.Dropout(0.3))

        model.add(layers.Flatten())
        model.add(layers.Dense(1))

        return model

#定义损失函数
cross_entropy = tf.keras.losses.BinaryCrossentropy(from_logits=True)

def discriminator_loss(real_output, fake_output):
        real_loss = cross_entropy(tf.ones_like(real_output), real_output)
        fake_loss = cross_entropy(tf.zeros_like(fake_output), fake_output)
        total_loss = real_loss + fake_loss
        return total_loss

def generator_loss(fake_output):
        return cross_entropy(tf.ones_like(fake_output), fake_output)

#优化器
generator_optimizer = tf.keras.optimizers.Adam(1e-4)
discriminator_optimizer = tf.keras.optimizers.Adam(1e-4)

#创建生成器和判别器
generator = build_generator()
discriminator = build_discriminator()

#定义训练步骤
@tf.function
def train_step(images):
        noise = tf.random.normal([batch_size, noise_dim])

        with tf.GradientTape() as gen_tape, tf.GradientTape() as disc_tape:
                generated_images = generator(noise, training=True)

                real_output = discriminator(images, training=True)
                fake_output = discriminator(generated_images, training=True)

                gen_loss = generator_loss(fake_output)
                disc_loss = discriminator_loss(real_output, fake_output)

        gradients_of_generator = gen_tape.gradient(gen_loss, generator.trainable_variables)
```

```
        gradients_of_discriminator = disc_tape.gradient(disc_loss, discriminator.trainable_variables)

        generator_optimizer.apply_gradients(zip(gradients_of_generator, generator.trainable_variables))
        discriminator_optimizer.apply_gradients(zip(gradients_of_discriminator, discriminator.trainable_variables))

        return gen_loss, disc_loss

#训练循环
(train_images, _), (_, _) = tf.keras.datasets.mnist.load_data()
train_images = train_images.reshape(train_images.shape[0], 28, 28, 1).astype('float32')
train_images = (train_images - 127.5) / 127.5   #将图像标准化到 [-1, 1] 的范围内

for epoch in range(epochs):
    idx = np.random.randint(0, train_images.shape[0], batch_size)
    real_images = train_images[idx]

    gen_loss, disc_loss = train_step(real_images)

    if epoch % sample_interval == 0:
        print(f'Epoch {epoch}/{epochs}, Generator Loss: {gen_loss}, Discriminator Loss: {disc_loss}')
        noise = tf.random.normal([16, noise_dim])
        generated_images = generator(noise, training=False)
        generated_images = 0.5 * generated_images + 0.5   #重新缩放到 [0, 1]

        plt.figure(figsize=(4, 4))
        for i in range(16):
            plt.subplot(4, 4, i + 1)
            plt.imshow(generated_images[i, :, :, 0], cmap='gray')
            plt.axis('off')
        plt.show()
```

10.5　GAN 的衍生模型

尽管 GAN 的生成器已经学到了近似真实数据的分布，它不需要马尔可夫链，模型优化仅用到反向传播；GAN 能够解决数据不足的问题，但 GAN 仍存在一些亟待解决的问题，具体如下。

（1）在训练过程中，GAN 比较难训练，存在训练不同步及梯度消失的问题，如何定义训练策略及损失函数成为关键。其中，GAN 训练不同步的原因在于更新生成器 N 次，才更新判别器 1 次；梯度消失的原因是当真实样本和生成样本之间具有极小重叠甚至没有重叠时，目标函数的 JS 散度是一个常数，优化目标不连续。

（2）GAN 存在模型崩塌问题，容易导致生成的样本缺乏多样性。

（3）GAN 可解释性较差，因为 GAN 所学到的数据分布没有显式的表达式，是一个黑盒子一样的映射函数。

为了解决以上 GAN 存在的问题，广大学者从网络结构及优化方法方面对 GAN 进行探索。

10.5.1　基于网络结构的衍生模型

1. CGAN（Conditiona GAN）

在图像标注、图像分类和图像生成过程中，原始 GAN 存在输出图像的标签较多、输出类别多等问题。为了解决此问题，Mirza 等提出 CGAN，该方法在生成器和判别器中加入额外的条件信息，以此指导 GAN 两个模型的训练。

CGAN 把真实的类别添加到生成器 G 和判别器 D 的目标函数中（见图 10-6），与输入的随机噪声构成条件概率，训练方式几乎不变，但是该方法从 GAN 的无监督学习变成有监督学习。

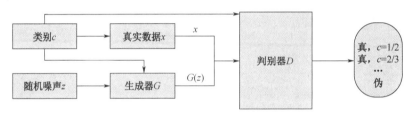

图 10-6　CGAN 框架图

2. ACGAN（Auxiliary Classifier GAN）

ACGAN 相比 GAN 有两点不同：GAN 只有随机噪声作为输入变量，ACGAN 多了一个类别变量；GAN 输出只有图片的真假判断，而 ACGAN 除了真假判断，还增加了类别判断结果，如图 10-7 所示。

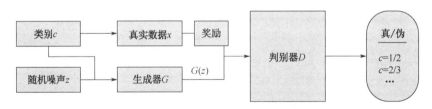

图 10-7　ACGAN 框架图

3. infoGAN（Information Maximizing GAN）

原始的 GAN 通过对抗学习可以得到一个能够与真实数据分布一致的模型分布，模型已经学到数据的有效语义特征，但是该模型输入信号的具体维度与数据的语义特征之间的对应关系并不清楚。为了更好地生成同类别的样本，Che 等将信息理论与 GAN 相结合，提出 InfoGAN，如图 10-8 所示。该方法不仅能对这些对应关系建模，还可以通过控制相应维度的变量来实现相应的变化。

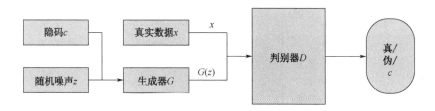

图 10-8　InfoGAN

10.5.2　基于优化方法的衍生模型

1. WGAN（Wasserstein GAN）

原始 GAN 存在训练不稳定的问题，具体表现为判别器越好，生成器梯度消失越严重。为了解决 GAN 训练不稳定的问题，Arjovsk 等提出了 WGAN，其框架图如图 10-9 所示。WGAN 引入了 Wasserstein 距离来度量真实样本和生成样本分布之间的距离，相比 KL 散度、JS 散度，Wasserstein 距离是平滑的，即便生成分布与真实分布没有重叠，Wasserstein 距离仍然能够反映它们的远近。

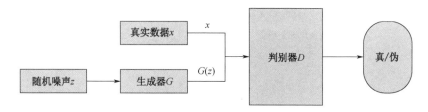

图 10-9　WGAN 框架图

2. LS-GAN（Loss Sensitive GAN）

原始 GAN 对建模对象、真实数据的分布未做任何限定，因此原始 GAN 的无限建模往往会导致过拟合等问题。为了解决这个问题，学者开始采用 LS-GAN 进行按需分配的建模，其框架与图 10-9 类似。LS-GAN 将建模的样本分布限定在 Lipschitz 密度上，这种密度限定了真实的密度分布变化。LS-GAN 不使用批量归一化仍然能够产生较好的图像。

3. EBGAN（Energy-based GAN）

Lecun 从能量模型角度提出了 EBGAN。如图 10-10 所示，该方法在判别器 D 上做出改变，把 D 看作一个能量函数，分别对真实图像、重建图像赋予低能量、高能量。此外，该方法能量的度量与分类相反，当真实数据与生成数据分布接近的时候，能量达到平衡。在训练过程中，EBGAN 比 GAN 展示出了更稳定的性能，也生成了更加清晰的图像。

4. BEGAN（Boundary Equilibrium GAN）

谷歌综合 WGAN 与 EBGAN 的优势，提出了 BEGAN，如图 10-11 所示。该方法通过一个额外的均衡条件，使得生成器和判别器相互平衡。

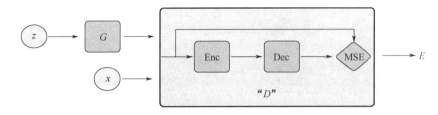

图 10-10　EBGAN 框架图

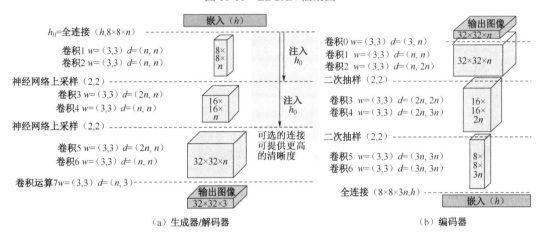

（a）生成器/解码器　　　　　　　　　　　（b）编码器

图 10-11　生成器和判别器网络架构图

习题

10.1　GAN 网络的优点和缺点是什么？

10.2　试比较 GAN 和 DCGAN 的区别与联系。

10.3　编程实现用 DCGAN 生成 LFW（Labeled Faces in the Wild）人脸数据集。

10.4　查相关资料，了解 GAN 的衍生模型和最新的发展趋势。

第 11 章　GPU 并行计算

在 TensorFlow 实践过程中，深度学习和计算往往需要消耗很长时间，这样的训练速度无法满足实际生产的需求。为了加速各类训练过程，TensorFlow 提供了基于 GPU 和分布式方法进行计算加速的方法。本章将介绍如何通过 TensorFlow 利用 GPU 的并行计算性能和分布式方法进行模型训练，从而使读者掌握在 TensorFlow 中使用单个 GPU 和多个 GPU 完成计算加速的方法。

11.1　并行计算技术

计算机并行计算技术包括单机并行计算和分布式并行计算两大类。其中，常见的单机并行计算包括多核并行计算和多线程并行计算。

11.1.1　单机并行计算

1．多核并行计算

随着半导体技术的发展，双核、四核、八核等处理器逐渐进入人们日常工作与生活。虽然多核处理器相比单核处理器的最大优势在于并行计算，但充分利用多核处理器进行并行计算的程序设计并不容易。特别是程序中的逻辑判断、分支跳转等语句，常常导致程序运行的上下关联、系统资源使用争用等问题，难以实现高效的并行计算。

同时，程序分配在各个处理器核上的运行任务应该达到一个比较平衡的状况，如果某一个处理器核完成绝大部分的工作，那么多核处理器的优势就没有发挥出来。因此，开发人员要合理地在多核处理器上划分计算任务，并且保证必要的数据传输和同步操作，从而确保程序的准确性和高效性。

2．多线程并行计算

目前，主流操作系统都能较好地支持多线程编程及多线程程序的并发执行。

（1）在 Windows 环境下，系统提供了多线程应用程序开发所需的接口函数，并以微软基础函数库（Microsoft Foundation Classes，MFC）的方式提供给开发者。特别是在.NET 环境下，基础类库中的 System.Threading 命名空间提供了大量的类和接口来支持多线程程序设计。

（2）在 Linux 系统中，POSIX thread 是定义有关线程的创建和操作的 API，并且具有很好的可移植性。

除了系统对多线程的支持，大量用于多线程程序设计的并行框架也被广泛使用，OpenMP 就是其中一个重要框架。该框架能够支持 C、C++、Fortran 等多种语言，具有较好的跨平台性，而且很容易将现有的程序改编为支持多线程的计算模式。

11.1.2　分布式并行计算

目前，常见的分布式并行计算主要包括以下四种类型。

1．集群计算

集群计算系统将多台计算机分为主节点和计算节点两种类型。其中，计算节点间通过高速网络连接，主节点与计算节点间通过标准网络连接。

（1）计算节点上运行着单一的操作系统，其上运行的进程结构较为简单。该类节点的工作依赖主节点提供的并行库进行。

（2）主节点除了提供应用程序所依赖的库，还提供对计算节点的管理和分布式扩展。

2．网格计算

网格计算系统在单个计算内部，各项工作是分层次的，形似 OSI 的七层模型，各层之间提供 API 进行邻层的调用，但是各层内部的构成是对外透明的。从下至上依次为：光纤层、连接层、资源层、汇集层和应用层。

（1）光纤层：提供对局部资源的接口。

（2）连接层：由通信协议组成，支持网格事务的处理，延伸多个资源的使用。

（3）资源层：负责管理单个资源。

（4）汇集层：负责对多个资源的访问，包括数据复制、任务分配、资源分配和调度。

（5）应用层：由应用程序组成，在虚拟环境中运行。

可见，分布式并行计算在程序设计时较为烦琐，不如单机多核并行计算与多线程并行计算的任务分解和处理简单。

3．对等计算

随着计算机处理能力和存储容量的提高，以及通信技术的进步，人们可以随时随地接入网络并通过直接交换共享计算机资源和服务，对等计算（Peer to Peer Computing）应运而生。在对等计算中，每个节点既可以充当服务器向其他节点提供数据或服务，又可以作为客户机享用其他节点提供的数据或服务，节点间的交互是直接与对等的，每个节点可以随时自由地加入和离开系统，从而形成一个用于计算服务的动态网络环境，即对等网。对等网（P2P）是一种在对等者之间分配任务和工作负载的分布式应用架构。对等计算就是在该组网或网络形式的应用层形成的一种服务模型。对等计算具有如下特点。

（1）对称性：系统中所有或大部分节点在功能上是等同的，既可作为客户机，又可作为服务器。

（2）分散化：系统中的数据和资源分散在参与的节点中，每个节点都具有对数据和资源的控制权，在功能上是等同的。

（3）自治性：对等计算支持用户在本地处理数据，而不依赖第三方服务供应商。

（4）动态性：计算节点到达和离开系统具有随机性，且各节点滞留时间长短不一。

（5）自组织性：由于不可能用单一的全局机构来管理大规模的动态系统，因此，对等计算将自维护和自修复能力分布在参与的各个节点上。

（6）异质性：系统中各个节点的 CPU 处理能力、存储能力、带宽，以及节点在系统中的滞留时间均有很大的不同。

4．云计算

云计算（Cloud Computing）是分布式并行计算的一种。云计算通过网络"云"将巨大的数据计算处理程序分解成无数个小程序，然后，通过由多个服务器组成的系统处理和分析这些小程序得到结果并返回给用户。早期的云计算就是简单的分布式计算，主要解决任务分发和计算结果合并的问题。通过这项技术，可以在很短的时间内（几秒）完成对数以万计的数据的处理，从而实现强大的网络服务。目前，它的服务类型分为三类，即基础设施即服务（IaaS）、平台即服务（PaaS）和软件即服务（SaaS）。

（1）基础设施即服务：向个人或组织提供虚拟化计算资源，如虚拟机、存储、网络和操作系统。

（2）平台即服务：为开发人员提供通过互联网构建应用程序和服务的平台。PaaS 为开发、测试和管理软件应用程序提供按需开发环境。

（3）软件即服务：通过互联网提供按需付费使用应用程序的服务，云计算提供商托管和管理应用程序，并允许其用户连接到应用程序并通过互联网访问应用程序。

11.1.3　GPU 并行计算技术

1．什么是 GPU

图形处理器（Graphics Processing Unit，GPU），是一种专门在计算机、工作站、游戏机和移动设备上进行图像运算工作的微处理器。其传统用途是将计算机系统信息转换为图形图像等显示信息，并在显示器上输出该信息，是"人机对话"的重要设备之一。随着显示芯片厂商技术的发展和开发接口的开放，基于 GPU 的大数据处理方式不断涌现，GPU 已经不再局限于 3D 图形处理了。基于 GPU 的通用计算技术发展已经引起业界的关注，事实也证明，在浮点运算、并行计算等方面，GPU 可以提供数十倍乃至上百倍优于 CPU 的性能。

2．GPU 加速计算

GPU 加速计算是指同时利用 GPU 和 CPU，加快科学、分析、工程、消费和企业应用程序的运行速度。GPU 加速器于 2007 年由 NVIDIA 率先推出，现已在世界各地为政府实验室、高校、公司的高能效数据中心提供支持。GPU 能够使汽车、手机和平板电脑、无人机和机器人等平台的应用程序加速运行。GPU 加速计算可以提供非凡的应用程序性能，能将应用程序计算密集部分的工作负载转移到 GPU，同时仍由 CPU 运行其余程序代码。从用户的角度来看，应用程序的运行速度明显加快。

3．GPU 通用计算标准

目前，GPU 通用计算方面的标准目前有 OpenCL、CUDA、ATI STREAM。

（1）OpenCL（Open Computing Language，开放运算语言）是第一个面向异构系统

通用目的并行编程的开放式、免费标准，也是一个统一的编程环境，便于软件开发人员为高性能的计算服务器、桌面计算系统、手持设备编写高效轻便的代码，广泛应用于多核处理器、GPU、Cell 类型架构及数字信号处理器（DSP）等并行处理器，在游戏、娱乐、科研、医疗等各种领域都有广阔的发展前景。AMD-ATI、NVIDIA 时下的产品都支持 OpenCL。

（2）CUDA 是 NVIDIA 提出的一种并行计算平台和编程模型。它利用 GPU 的处理能力，可大幅提升计算性能。目前为止，基于 CUDA 的 GPU 销量已达数百万个，软件开发商、科学家及研究人员正在各个领域中运用 CUDA，这些领域包括图像与视频处理、计算生物学与化学、流体力学模拟、CT 图像再现、地震分析及光线追踪等。

（3）ATI STREAM 是 AMD 针对旗下 GPU 推出的通用并行计算技术。这种技术可以充分发挥 AMD GPU 的并行运算能力，用于对软件进行加速或进行大型的科学运算，同时对抗竞争对手的 NVIDIA CUDA 技术。与 CUDA 技术是基于自身的私有标准不同，ATI STREAM 技术基于开放性的 OpenCL 标准。

4．CUDA 的基本介绍

CUDA 是一种新的操作 GPU 进行计算的硬件和软件架构，它将 GPU 视作一个数据并行计算设备。操作系统的多任务机制可以管理 CUDA 同时访问 GPU 和图形程序的运行库，其计算特性支持利用 CUDA 直接编写 GPU 核心程序。

（1）CUDA 的基本架构。CUDA 在软件方面包括 CUDA 库包、应用程序编程接口及其运行库、两个较高级别的通用数学库（CUFFT 和 CUBLAS）四个基础部分。为了能够提高程序运行的效率，一方面，CUDA 改进了 DRAM 的读写灵活性，使得 GPU 与 CPU 的机制相吻合；另一方面，CUDA 提供了片上共享内存，使得线程之间可以共享数据，从而使应用程序可以利用共享内存来减少 DRAM 的数据传送，更少地依赖 DRAM 的内存带宽。

（2）CUDA 的程序执行流程。CUDA 程序分为主机代码和设备代码两个部分。主机代码运行在 CPU 上，设备代码运行在 GPU 上。因此，在执行 CUDA 程序的过程中，主机代码与设备代码交替运行。首先，程序从主机端的串行代码开始运行；然后，当运行至设备代码时，调用内核函数，并切换到设备端，启动多个 GPU 线程（Thread）并行执行设备代码。每一个线程块（Block）均包含多个线程，执行相同的指令，实现线程块内的并行，同时在每个线程网格（Grid）中，实现不同线程块之间的并行。设备完成计算后，返回主机线程，主机继续执行串行操作。重复以上过程，直到程序执行完毕。

由于 GPU 可被视作百万个 CPU 的集合，因此基于 GPU 的并行计算原理和多核 CPU 的计算原理有不少类似之处。

11.1.4   TensorFlow 与 GPU

与并行计算体系对应，TensorFlow 程序设计可以按程序运行位置的不同，分为单机和分布式两类；也可按照 GPU 使用的情况，分为单 GPU 并行计算（相当于多核并行计算）和多 GPU 并行计算两类。目前，TensorFlow 程序设计主要使用单机单 GPU 模型、单机多 GPU 模型及分布式多 GPU 模型三类。本书将以 CUDA 为例来实现 TensorFlow 的并行计算加速。

1. CUDA 的安装

要先确认现有或要购买的独立显卡是否支持 CUDA，可按以下步骤操作。

（1）登录 NVIDIA 官网查看支持 CUDA 的显卡，如图 11-1 所示。

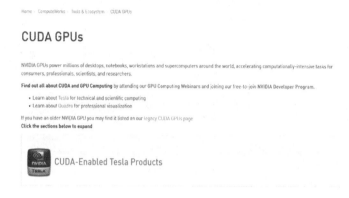

图 11-1　CUDA 的 GPU 支持信息

（2）下载并安装 CUDA。

步骤一：下载 CUDA 安装包。CUDA 安装包可直接从 NVIDIA 官网下载，并根据相应的系统选项选择对应的软件包。安装包括网络方式和本地方式两种。其中，网络方式在下载时文件较小，后续执行安装时再下载其余部分；本地方式在下载时为完整下载，后续执行安装时就不需要下载了。

步骤二：在此以 Windows 系统安装为例，打开 CUDA 安装包，在 NVIDIA 软件许可协议页面点击"同意并继续"按钮，如图 11-2 所示。

步骤三：选择精简安装选项，如图 11-3 所示。

图 11-2　安装开始界面

图 11-3　安装选择界面

步骤四：按照提示信息一步步完成安装，如图 11-4 所示。

步骤五：验证安装，注销或者重启后（让环境变量生效），以 cmd 命令打开 shell，输入 nvcc -V，显示如图 11-5 所示。若显示异常，请查看环境变量设置。主要包括系统变量中 PATH 设置是否正确（例如，C:\Program Files\NVIDIA GPU Computing Toolkit\CUDA\v11.6\bin；C:\Program Files\NVIDIA GPU Computing Toolkit\CUDA\v11.6\

libnvvp，注意中间用";"分割）；CUDA_PATH 设置是否正确（例如，C:\Program Files\NVIDIA GPU Computing Toolkit\CUDA\v11.6）；CUDA_PATH_V11_6 设置是否正确（例如，C:\Program Files\NVIDIA GPU Computing Toolkit\CUDA\v11.6）。

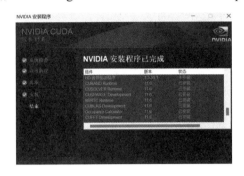 

图 11-4 安装完成界面   图 11-5 环境配置验证界面

2. 基于 CUDA 的 TensorFlow

TensorFlow 使用 CUDA 时，需要借助 CUDA 的一个深度神经网络库。该库就是 NVIDIA cuDNN 库，是用于深度神经网络的 GPU 加速库，可以集成到更高级别的机器学习框架中。它强调性能、易用性和低内存开销。该库的插入式设计可以让开发人员专注于设计和实现神经网络模型，而不是调整性能，同时还可以在 GPU 上实现高性能并行计算。

（1）安装 cuDNN 库。

首先，在 NVIDIA 官网上下载 cuDNN 库，如图 11-6 所示。

注意：

① 在下载过程中，首先需要完成用户注册；

② 根据安装系统和 CUDA 的版本进行选择，在此下载的安装文件为 cudnn-windows-x86_64-8.6.0.163_cuda11-archive.zip，是 Windows10 环境、CUDA11.6 所对应的版本。

图 11-6 cuDNN 库下载界面

其次，下载之后，解压缩得到三个文件夹及一个文件，如图 11-7 所示。将 include、lib 和 bin 文件夹内的文件相应复制到 CUDA 的 include、lib 和 bin 文件夹下（或者在系统环境变量下，在 PATH 中添加 cuDNN 的 bin 文件夹位置，如 D:\python\cudnn-11.6-windows10-x64-v8.6.0.163\cuda\bin）。

图 11-7　cuDNN 解压得到文件

最后，安装 TensorFlow 的 GPU 版本。

注意：

① 若已安装 CPU 版本，需要先卸载，才可以安装 TensorFlow 的 GPU 版本。在此过程中，可利用 pip list 命令查看已安装库；可使用 pip uninstall tensorflow 完成卸载；

② 安装命令不同于 CPU 版本，其命令为：pip install tensorflow-gpu；

③ 安装后，也可以使用命令进行升级：pip install − −upgrade tensorflow-gpu；

④ 由于 TensorFlow 不支持 32 位，必须安装 64 位的 Python。

（2）在 TensorFlow 下使用 CUDA。

首先，在 PyCharm 中配置环境，创建 Python 文件。

其次，用 import tensorflow as tf 语句导入 TensorFlow。

最后，输入代码，并按回车键运行。

示例代码如下：

```
import tensorflow as tf
tf.compat.v1.disable_eager_execution()
hello = tf.constant('Hello, world')
s = tf.compat.v1.Session()
print(s.run(hello))
```

得到运行结果如图 11-8 所示，注意，输出结果前缀 b'表示 bytestring 格式，可转换成字符串格式。

图 11-8　TensorFlow（GPU）运行结果

11.2　TensorFlow 加速方法

1. 并行模式

TensorFlow 可通过并行计算方式加速各类神经网络模型的训练和学习。由于 TensorFlow 程序可跨多个设备运行，每个设备可独立计算模型，因此按其运算内容的不同，可将并行计算模式分为数据并行、模型并行、流水线并行三种。

（1）数据并行计算模式，是在不同的设备上存在相同的多份复制模型，共享相同的参数，将大规模数据集进行拆分，采用不同的训练数据集合并行进行训练，通过缩小训练规模，达到并行效果的。具体来说，数据并行计算模式同时使用多个硬件资源来计算不同批次的数据梯度，然后汇总梯度进行全局的参数更新。数据并行计算模式几乎适用于所有深度学习模型，在 TensorFlow 中，可以利用多块 GPU 同时训练多个批次的数据。

数据并行计算模式，根据共享参数更新模式的不同，又分为同步更新模式、异步更新模式和混合更新模式。在同步更新模式中，需要汇总参数的更新值，然后更新共享参数，这就意味着，只有等所有设备的当前训练批次训练完成后才能更新共享参数，如图 11-9 所示；而在异步更新模式中，不用进行更新值的汇总，每台设备当前批次训练完成后分别更新共享参数，如图 11-10 所示。异步更新模式避免了等待的问题，但其精度不如同步更新模式。为了获得更好的性能，在这两者的基础上形成了混合更新模式。该模式将数据分成若干组，在组间以异步更新模式进行并行计算，在组内以同步更新模式进行计算。

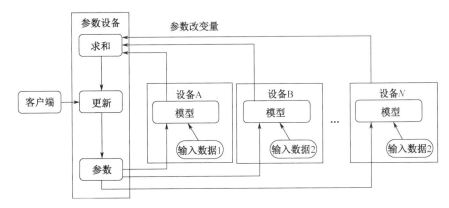

图 11-9　数据并行计算模式中的同步更新模式

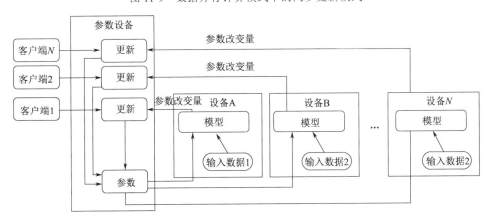

图 11-10　数据并行计算模式中的异步更新模式

（2）模型并行计算模式，将模型本身拆分为多个组成部分，其中每个部分放在不同的机器（设备）上进行训练，以降低训练规模，达到并行效果。当然，由于模型本身划分的不同，各组成部分有可能出现依赖关系，制约了并行计算的效果，因此，客观上该类计算模式需要模型本身有大量的可以并行的、互相不依赖的或依赖程度不高的子图。同时，在不同的硬件环境下，该类计算模式的性能损耗也不同。例如，在单核 CPU 使用单指令多数据和多核 CPU 多线程的情况下，基本没有额外的通信开销；而在 GPU-CPU、多 GPU 计算体系下，有一定的通信、系统开销；在分布式计算体系下，多机之间的网络通信开销将成为主要考虑内容。TensorFlow 中模型并行计算模式如图 11-11 所示。

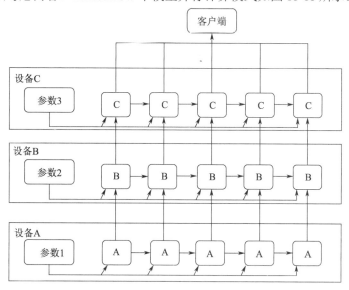

图 11-11　TensorFlow 中模型并行计算模式

（3）流水线并行计算模式，该模式与异步数据并行模式类似，区别在于流水线并行计算模式是在单机上训练的。该模式将计算做成流水线，在一个设备上连续地并行执行计算，以提高设备利用率。TensorFlow 中流水线并行计算模式如图 11-12 所示。

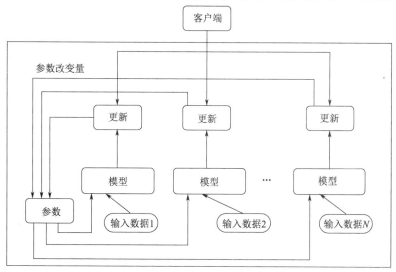

图 11-12　TensorFlow 中流水线并行计算模式

2. GPU 基本用法

TensorFlow 一般不需要显式指定使用 CPU 还是 GPU 进行计算，其本身能自动检测设备。如果检测到GPU，TensorFlow 会尽可能地利用找到的第一个GPU 来执行操作。如果机器上有超过一个可用的 GPU，除第一个外的其他 GPU 默认是不参与计算的。为了让 TensorFlow 使用这些 GPU，必须明确指派。

（1）选择特定设备运行程序。

设备选择函数tf.device()可以指定运行每个操作的设备，这个设备可以是本地的CPU或者 GPU，也可以是某一个远程的服务器。TensorFlow 给每个可用的设备一个名称（它们都从 0 开始重新编码），tf.device()函数可以通过设备名称来指定执行运算的设备。对于 CPU 而言，在默认情况下，TensorFlow 不会区分多个 CPU，将所有 CPU 都命名为/CPU:0；而对于 GPU 则不同，单机上第 n 个 GPU 在 TensorFlow 中命名为/gpu:n。如第一个 GPU 的名称为/gpu:0，第二个 GPU 名称为/gpu:1，以此类推。

以下代码说明了 tf.device()函数的使用方法。

```
import tensorflow as tf
with tf.device('/cpu:0'): #通过 tf.device()将运算指定到 CPU 上
    a = tf.constant([1.0, 2.0, 3.0, 4.0], shape=[4], name='a')
    b = tf.constant([1.0, 2.0, 3.0, 4.0], shape=[4], name='b')
with tf.device('/gpu:0'): #通过 tf.device()将运算指定到第一个 GPU 上
    c =tf.add(a,b)
print(c.numpy())
```

得到主要的运行结果如下：

```
***: I tensorflow/core/platform/cpu_feature_guard.cc:142] This TensorFlow binary is optimized with oneAPI
Deep Neural Network Library (oneDNN) to use the following CPU instructions in performance-critical
operations: AVX AVX2
To enable them in other operations, rebuild TensorFlow with the appropriate compiler flags.
***: I tensorflow/core/common_runtime/gpu/gpu_device.cc:1510] Created device /job:localhost/replica:0/
task:0/device:GPU:0 with 1323 MB memory:   -> device: 0, name: NVIDIA GeForce MX350, pci bus id:
0000:02:00.0, compute capability: 6.1
[2. 4. 6. 8.]
```

（2）记录设备分配方式。

TensorFlow 程序提供了查看运行每一次运算所使用设备的方法。在生成会话时，可以通过设置其log_device_placement参数来记录运行每一次运算的设备。在下面的代码中，TensorFlow 程序生成会话时加入了参数 log_device_placement=True，所以程序会将运行每一次运算的设备输出到屏幕，具体代码如下：

```
import tensorflow as tf
tf.compat.v1.disable_eager_execution()
with tf.device('/cpu:0'): #通过 tf.device()将运算指定到 CPU 上
    a = tf.constant([1.0, 2.0, 3.0, 4.0], shape=[4], name='a')
    b = tf.constant([1.0, 2.0, 3.0, 4.0], shape=[4], name='b')
    c = a + b
with tf.device('/gpu:0'): #通过 tf.device()将运算指定到第一个 GPU 上
    sess = tf.compat.v1.Session(config=tf.compat.v1.ConfigProto(log_device_placement=True))
print(sess.run(c))
```

得到主要的运行结果如下：

```
***: I tensorflow/core/platform/cpu_feature_guard.cc:142] This TensorFlow binary is optimized with oneAPI
Deep Neural Network Library (oneDNN) to use the following CPU instructions in performance-critical operations:
AVX AVX2
To enable them in other operations, rebuild TensorFlow with the appropriate compiler flags.
add: (AddV2): /job:localhost/replica:0/task:0/device:CPU:0
a: (Const): /job:localhost/replica:0/task:0/device:CPU:0
b: (Const): /job:localhost/replica:0/task:0/device:CPU:0
***: I tensorflow/core/common_runtime/gpu/gpu_device.cc:1510] Created device /job:localhost/replica:0/
task:0/device:GPU:0 with 1323 MB memory:   -> device: 0, name: NVIDIA GeForce MX350, pci bus id: 0000:
02:00.0, compute capability: 6.1
***: I tensorflow/core/common_runtime/direct_session.cc:361] Device mapping:
/job:localhost/replica:0/task:0/device:GPU:0 -> device: 0, name: NVIDIA GeForce MX350, pci bus id:
0000:02:00.0, compute capability: 6.1

***: I tensorflow/core/common_runtime/placer.cc:114] add: (AddV2): /job:localhost/replica:0/task:0/device:
CPU:0
***: I tensorflow/core/common_runtime/placer.cc:114] a: (Const): /job:localhost/replica:0/task:0/device:
CPU:0
***: I tensorflow/core/common_runtime/placer.cc:114] b: (Const): /job:localhost/replica:0/task:0/device:
CPU:0
[2. 4. 6. 8.]
```

从以上运行结果中，除了可以看到最后的计算结果[2. 4. 6. 8.]，还可以看到类似 "add:(Add):/job:localhost/replica:0/task:0/ device:GPU:0" 这样的输出。这些输出显示了执行每一次运算的设备，比如加法运算是通过 GPU 来运行的，其他是由 CPU 来运行的。

当然，在 TensorFlow 默认的 GPU 环境中，如果操作没有明确地指定运行设备，那么 TensorFlow 会优先选择执行效率较高的 GPU 运行程序，示例代码如下：

```
import tensorflow as tf
tf.compat.v1.disable_eager_execution()
a = tf.constant([1.0, 2.0, 3.0, 4.0, 5.0, 6.0], shape=[2, 3], name='a')
b = tf.constant([1.0, 2.0, 3.0, 4.0, 5.0, 6.0], shape=[3, 2], name='b')
c = tf.matmul(a, b)
sess = tf.compat.v1.Session(config=tf.compat.v1.ConfigProto(log_device_placement=True))
print(sess.run(c))
```

等待一段时间后得到运行结果，图 11-13 所示为 TensorFlow 中的 GPU 设备信息。

图 11-13　TensorFlow 中的 GPU 设备信息

167

（3）查看所有当前可用的 GPU 信息。

当使用 TensorFlow 运行程序时，可以利用 device_lib.list_local_devices()查看当前可用的 GPU 信息，具体代码如下：

```
from tensorflow.python.client import device_lib
def get_gpu():
    local_device = device_lib.list_local_devices()
    return[x.name for x in local_device if x.device_type == 'GPU']
print(get_gpu())
```

运行的主要结果如下：

```
['/device:GPU:0']
```

当然，也可以使用 tf.test.gpu_device_name()获得本机 GPU 信息，代码如下：

```
import tensorflow as tf
gpu_device_name = tf.test.gpu_device_name()
print(gpu_device_name)
```

（4）自动选择运行设备。

在 TensorFlow 中，并不是所有的操作都可以被放在 GPU 上，如果强行将无法放在 GPU 上的操作指定到 GPU 上，那么程序将会报错。另外，不同版本的 TensorFlow 对 GPU 的支持不一样，程序中全部使用强制指定设备的方式会降低程序的可移植性。为避免这些问题，在 TensorFlow 生成会话时，可以设定参数 allow_soft_placement。当 allow_soft_placement 参数设置为 True 时，如果运算无法由 GPU 执行，那么 TensorFlow 会自动将它放到 CPU 上执行。以下代码给出了一个使用 allow_soft_placement 参数的样例。

```
import tensorflow as tf
tf.compat.v1.disable_eager_execution()
with tf.device('/gpu:0'):
    a = tf.Variable(1., name='a')
with tf.device('/gpu:0'):
    b = tf.Variable(1, name='b')
s = tf.compat.v1.Session(config=tf.compat.v1.ConfigProto(allow_soft_placement=True, log_device_
placement = True))
    print(s.run(tf.compat.v1.global_variables_initializer()))
```

代码运行主要结果如下：

```
a/IsInitialized/VarIsInitializedOp: (VarIsInitializedOp): /job:localhost/replica:0/task:0/device:GPU:0
a/Assign: (AssignVariableOp): /job:localhost/replica:0/task:0/device:GPU:0
a/Read/ReadVariableOp: (ReadVariableOp): /job:localhost/replica:0/task:0/device:GPU:0
b/IsInitialized/VarIsInitializedOp: (VarIsInitializedOp): /job:localhost/replica:0/task:0/device:CPU:0
b/Assign: (AssignVariableOp): /job:localhost/replica:0/task:0/device:CPU:0
b/Read/ReadVariableOp: (ReadVariableOp): /job:localhost/replica:0/task:0/device:CPU:0
init: (NoOp): /job:localhost/replica:0/task:0/device:GPU:0
a/Initializer/initial_value: (Const): /job:localhost/replica:0/task:0/device:GPU:0
a: (VarHandleOp): /job:localhost/replica:0/task:0/device:GPU:0
b/Initializer/initial_value: (Const): /job:localhost/replica:0/task:0/device:CPU:0
b: (VarHandleOp): /job:localhost/replica:0/task:0/device:CPU:0
```

***: I tensorflow/core/common_runtime/placer.cc:114] b/IsInitialized/VarIsInitializedOp: (VarIsInitializedOp): /job:localhost/replica:0/task:0/device:CPU:0

***: I tensorflow/core/common_runtime/placer.cc:114] b/Assign: (AssignVariableOp): /job:localhost/replica:0/task:0/device:CPU:0

***: I tensorflow/core/common_runtime/placer.cc:114] b/Read/ReadVariableOp: (ReadVariableOp): /job:localhost/replica:0/task:0/device:CPU:0

***: I tensorflow/core/common_runtime/placer.cc:114] init: (NoOp): /job:localhost/replica:0/task:0/device:GPU:0

***: I tensorflow/core/common_runtime/placer.cc:114] a/Initializer/initial_value: (Const): /job:localhost/replica:0/task:0/device:GPU:0

***: I tensorflow/core/common_runtime/placer.cc:114] a: (VarHandleOp): /job:localhost/replica:0/task:0/device:GPU:0

***: I tensorflow/core/common_runtime/placer.cc:114] b/Initializer/initial_value: (Const): /job:localhost/replica:0/task:0/device:CPU:0

***: I tensorflow/core/common_runtime/placer.cc:114] b: (VarHandleOp): /job:localhost/replica:0/task:0/device:CPU:0

None

在该例子中，若不设置 allow_soft_placement=True，则程序出错。出错信息如下：

InvalidArgumentError (see above for traceback): Cannot assign a device for operation b: Could not satisfy explicit device specification '/device:GPU:0' because no supported kernel for GPU devices is available.

Colocation Debug Info:

Colocation group had the following types and devices:

VariableV2: CPU

Assign: CPU

Identity: GPU CPU

Colocation members and user-requested devices:

　b (VariableV2) /device:GPU:0

　b/Assign (Assign) /device:GPU:0

　b/read (Identity) /device:GPU:0

Registered kernels:

　device='CPU'

　device='GPU'; dtype in [DT_HALF]

　device='GPU'; dtype in [DT_FLOAT]

　device='GPU'; dtype in [DT_DOUBLE]

　device='GPU'; dtype in [DT_INT64]

　[[node b (defined at C:/Users/hp/PycharmProjects/untitled/errorgpu.py:5) = VariableV2 [container="", dtype=DT_INT32, shape=[], shared_name="", _device="/device:GPU:0"]()]]

分析以上结果，可以发现 TensorFlow 在 Kernel 上对 tf.Variable 的支持，GPU 运算支持的参数类型为 DT_HALF、DT_FLOAT、DT_DOUBLE 和 DT_INT64，不支持 DT_INT32 类型的参数。为解决该类问题，应在会话中设置 allow_soft_placement 参数。

（5）GPU 相关配置语句。

① 指定可以被看见的 GPU 设备。

TensorFlow 程序默认占用所有 GPU 及每个 GPU 上的显存，如果程序只使用部分

GPU，可以指定被看见的 GPU 设备，具体代码片段如下：

```
import os
os.environ['CUDA_VISIBLE_DEVICES'] = '0, 1' #只有 GPU 的 0 和 1 两个显存被看到
print(os.environ['CUDA_VISIBLE_DEVICES']) #打印 Tensorlow 可用的 GPU
```

运行结果如下：

```
0, 1
```

② 限定使用显存的比例。

TensorFlow 程序默认一次性占用 GPU 的所有显存，但也支持动态分配 GPU 的显存，使得不会一开始就占满所有显存，具体代码如下：

```
#在开启会话前，先创建一个 tf.ConfigProto() 实例对象
#通过 allow_soft_placement 参数自动将无法放在 GPU 上的操作放回 CPU
gpuConfig = tf.compat.v1.ConfigProto(log_device_placement=True,allow_soft_placement=True)
gpuConfig.gpu_options.per_process_gpu_memory_fraction = 0.6#限制一个进程使用 60% 的显存
s = tf.compat.v1.Session(config=gpuConfig)    #把配置部署到会话
```

③ 动态按需要分配显存。

TensorFlow 程序可以通过设置 gpu_options.allow_growth 参数，支持自动动态按需分配 GPU 显存。可使 TensorFlow 进程按照会话运行的需要，扩展更多 GPU 内存。具体代码片段如下：

```
#在开启会话前，先创建一个 tf.ConfigProto() 实例对象
gpuConfig = tf.compat.v1.ConfigProto(log_device_placement=True,allow_soft_placement=True)
gpuConfig.gpu_options.allow_growth = True    #运行时需要多少再给多少
s = tf.compat.v1.Session(config=gpuConfig)    #把配置部署到会话
```

虽然 GPU 可以加速 TensorFlow 的计算，但一般来说，不会把所有的操作全部放在 GPU 上。一个比较好的实践是，将计算密集型的运算放在 GPU 上，而把其他操作放到 CPU 上。GPU 是机器中相对独立的资源，将计算放入或者转出 GPU 都需要额外的时间，而且 GPU 需要将计算时用到的数据从内存复制到 GPU 设备上，这也需要额外的时间。TensorFlow 可以自动完成这些操作，不需要用户特别处理，但为了提高程序运行的速度，用户也需要尽量将相关的运算放在同一个设备上。

11.3 单 GPU 并行加速的实现

在很多条件下，TensorFlow 可以很容易地利用单个 GPU 加速深度学习模型的训练，而不需要程序设计者特意编程利用 GPU 设备。本节以 CNN 为例，介绍在单 GPU 环境下 TensorFlow 并行加速的实现。

1. 模型描述

CNN 被广泛地应用于图像识别。本节将用 TensorFlow 实现一个两层 CNN 模型，对 TensorFlow 官方提供的 MNIST 手写数据集进行训练，从而实现对测试样本的分类输出。

（1）MNIST 数据集是 28 像素×28 像素的包含 0~9 的数字的灰度图片集合，图片用一个浮点数表示其亮度，即每个样本的输入是 784 维向量。

（2）依据 MNIST 数据集，利用 TensorFlow 建立一个两层 CNN 模型，用来识别输入图片中的数字，即输出是 10 维向量。其中，可能性最大的数字，就是算法预测的结果。

（3）两层 CNN 模型是一个多层架构，由两个卷积层和全连接层组成，通向 Softmax 分类器。

2．代码描述

基于单 GPU 的 TensorFlow 代码与基于 CPU 的 TensorFlow 代码大致相同，具体代码如下。

（1）导入所需的 TensorFlow 模块。

```
from tensorflow.keras import datasets, models
from tensorflow.keras.layers import Conv2D,MaxPooling2D,Dense,Dropout,Flatten
```

（2）指定 GPU 设备，导入 TensorFlow 库，并加载 MNIST 数据集。

在 TensorFlowtf.keras.datasets 中，已经内置了 MNIST 数据集，因此通过代码直接从 TensorFlow 中载入 MNIST 数据集。

```
#指定 GPU 设备
with tf.device("/gpu:0"):
#载入 MNIST 数据集
(x_train, y_train), (x_test, y_test) = tf.keras.datasets.mnist.load_data()
```

（3）对数据进行预处理。先将数据集转换为模型输入所需的格式，再对图像数据进行归一化。

```
#将训练集和测试集中 1*784 的 1 维输入向量转为 28*28 的 2 维图片结构
#最高维的–1 代表样本数量不固定，最低维的 1 代表颜色通道数，这里表示黑白单色通道
train_images = train_images.reshape(-1, 28, 28, 1)
test_images = test_images.reshape(-1, 28, 28, 1)
#将训练集和测试集的输入向量归一化
train_images = train_images / 255.0
test_images = test_images / 255.0
print(len(train_images),len(test_images))
```

可以看到，数据集中共包含 60000 条训练数据和 10000 条测试数据。

（4）构建 CNN。

本步骤将构建包含两个卷积层、两个池化层和两个全连接层的简单的 CNN，用于手写字符的识别，将手写字符图像分类到 0～9 中的一个数字。先基于 TensorFlow 构建一个序贯模型，再将各层依次加入序贯模型中。具体的实现代码如下：

```
#构建序贯模型
model = models.Sequential()
#加入第一个卷积层，卷积核为 3*3
model.add(Conv2D(64, (5, 5), activation='relu', input_shape=(28, 28, 1)))
#加入第二个卷积层
model.add(Conv2D(64, (3, 3), activation='relu'))
#加入最大池化层，池化核为 2*2
model.add(MaxPooling2D((2, 2)))
#加入 Dropout 层
```

```
model.add(Dropout(0.5))
#加入平坦层
model.add(Flatten())
#加入神经元个数为 128 的全连接层
model.add(Dense(128, activation='relu'))
#加入输出层，输出层将输出 0～9 这 10 个数字的概率值
model.add(Dense(10, activation='softmax'))
```

（5）定义优化器、损失函数和度量函数，对构建的模型进行编译。

```
#定义 adam 优化器
optimizer = tf.keras.optimizers.Adam(learning_rate=0.00001)
model.compile(optimizer=optimizer , #采用 adam 优化器
              loss='sparse_categorical_crossentropy', #采用系数分类
              metrics=['accuracy']) #定义模型效果的度量方式
```

（6）基于训练集，对手写字符分类模型进行训练。

```
model.fit(train_images, train_labels, batch_size=64, epochs=10,shuffle=True)
```

（7）基于训练好的模型，对测试集进行测试。

```
test_loss, test_acc = model.evaluate(test_images, test_labels)
print("测试集的准确率为：", test_acc)
```

在 GPU 上经过很短时间的训练后，该模型的准确率达到约 97.18%，其执行速度远远超过 CPU 的执行速度，其主要计算结果如下：

```
***: I tensorflow/core/platform/cpu_feature_guard.cc:142] This TensorFlow binary is optimized with oneAPI
Deep Neural Network Library (oneDNN) to use the following CPU instructions in performance-critical operations:
AVX AVX2
To enable them in other operations, rebuild TensorFlow with the appropriate compiler flags.
***: I tensorflow/core/common_runtime/gpu/gpu_device.cc:1510] Created device /job:localhost/replica:0/
task:0/device:GPU:0 with 1323 MB memory:   -> device: 0, name: NVIDIA GeForce MX350, pci bus id:
0000:02:00.0, compute capability: 6.1
***: I tensorflow/compiler/mlir/mlir_graph_optimization_pass.cc:185] None of the MLIR Optimization
Passes are enabled (registered 2)
Epoch 1/10
***: I tensorflow/stream_executor/cuda/cuda_dnn.cc:369] Loaded cuDNN version 8904
938/938 [==============================] - 15s 14ms/step - loss: 1.2101 - accuracy: 0.6902
Epoch 2/10
938/938 [==============================] - 14s 14ms/step - loss: 0.4093 - accuracy: 0.8811
Epoch 3/10
938/938 [==============================] - 14s 15ms/step - loss: 0.3196 - accuracy: 0.9074
Epoch 4/10
938/938 [==============================] - 14s 15ms/step - loss: 0.2671 - accuracy: 0.9220
Epoch 5/10
938/938 [==============================] - 14s 15ms/step - loss: 0.2287 - accuracy: 0.9339
Epoch 6/10
938/938 [==============================] - 14s 15ms/step - loss: 0.1986 - accuracy: 0.9426
Epoch 7/10
```

```
938/938 [==============================] - 14s 15ms/step - loss: 0.1749 - accuracy: 0.9496
Epoch 8/10
938/938 [==============================] - 14s 15ms/step - loss: 0.1554 - accuracy: 0.9549
Epoch 9/10
938/938 [==============================] - 14s 15ms/step - loss: 0.1395 - accuracy: 0.9590
Epoch 10/10
938/938 [==============================] - 14s 15ms/step - loss: 0.1277 - accuracy: 0.9636
313/313 [==============================] - 2s 5ms/step - loss: 0.0964 - accuracy: 0.9718
测试集的准确率为：  0.9718000292778015
```

从上面的输出可以看到，通过 tf.device()来手动指定 TensorFlow 所有运算都放置在 GPU 上（在此为/gpu:0）。实际上，当不使用 tf.device()指定 GPU 时，系统也会按照安装的 TensorFlow 的 GPU 版本，优先在 GPU 上运行程序。当然，如果需要将某些运算放到 CPU 或其他 GPU 上，仍需要通过 tf.device()来手动指定。

3．TensorBoard 展现

在程序中，加入"writer = tf.summary.FileWriter("logs/", sess.graph)"语句，就可以利用 TensorBoard 将训练的流程展现出来，效果如图 11-14 所示。

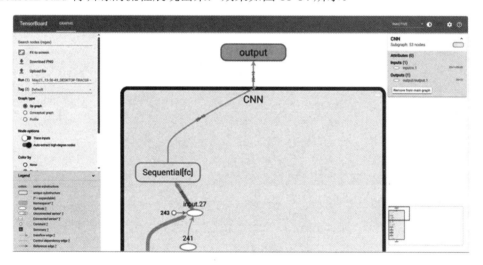

图 11-14　利用 TensorBoard 展现训练的流程的效果

11.4　多 GPU 并行加速的实现

在很多情况下，单个 GPU 的加速效率无法满足训练大型深度学习模型的计算需求，这时需要利用更多的计算资源。当一台机器有多个 GPU 时，如何并行训练深度学习模型呢？

1．模型描述

与 11.3 节类似，仍然采用 TensorFlow 程序训练深度学习模型，以解决 MNIST 的分

类问题，不同的是，在单机多 GPU 结构上实现并行。如前所述，多 GPU 数据并行计算分为同步更新模式和异步更新模式，在此，以同步更新模式完成模型的组建。

2．关键代码描述

（1）获取当前设备上的所有 GPU。

```
def check_available_gpus():
    local_devices = device_lib.list_local_devices()
    gpu_names = [x.name for x in local_devices if x.device_type == 'GPU']
    gpu_num = len(gpu_names)
    print('{0} GPUs are detected : {1}'.format(gpu_num, gpu_names))
    return gpu_num #返回 GPU 个数
from tensorflow.keras import datasets, models
from tensorflow.keras.layers import Conv2D,MaxPooling2D,Dense,Dropout,Flatten
```

（2）设置使用 GPU 设备，导入 TensorFlow 库，并加载 MNIST 数据集。

TensorFlowtf.keras.datasets 中已经内置了 MNIST 数据集，因此通过代码直接从 TensorFlow 中载入 MNIST 数据集。

```
    #检查 GPU 是否可用
gpus = tf.config.experimental.list_physical_devices('GPU')
if gpus:
    #设置每个 GPU 的显存占用不超过限制
    try:
        for gpu in gpus:
            tf.config.experimental.set_memory_growth(gpu, True)
    except RuntimeError as e:
        print(e)

#使用 MirroredStrategy 进行多 GPU 并行
strategy = tf.distribute.MirroredStrategy()
#载入 MNIST 数据集
(x_train, y_train), (x_test, y_test) = tf.keras.datasets.mnist.load_data()
```

（3）对数据进行预处理。先将数据集转换为模型输入所需的格式，再对图像数据进行归一化。

```
#将训练集和测试集中 1*784 的 1 维输入向量转为 28*28 的 2 维图片结构
#最高维的–1 代表样本数量不固定，最低维的 1 代表颜色通道数，这里表示黑白单色通道
train_images = train_images.reshape(-1, 28, 28, 1)
test_images = test_images.reshape(-1, 28, 28, 1)
#将训练集和测试集的输入向量归一化
train_images = train_images / 255.0
test_images = test_images / 255.0
```

（4）构建 CNN。

本步骤将构建包含两个卷积层、两个池化层和两个全连接层的简单的 CNN，用于手写字符的识别，将手写字符图像分类到 0～9 中的一个数字。先基于 TensorFlow 构建一

个序贯模型，再将各层依次加入序贯模型中。具体的实现代码如下：

```
#构建序贯模型
model = models.Sequential()
#加入第一个卷积层，卷积核为 3*3
model.add(Conv2D(64, (5, 5), activation='relu', input_shape=(28, 28, 1)))
#加入第二个卷积层
model.add(Conv2D(64, (3, 3), activation='relu'))
#加入最大池化层，池化核为 2*2
model.add(MaxPooling2D((2, 2)))
#加入 Dropout 层
model.add(Dropout(0.5))
#加入平坦层
model.add(Flatten())
#加入神经元个数为 128 的全连接层
model.add(Dense(128, activation='relu'))
#加入输出层，输出层将输出 0～9 这 10 个数字的概率值
model.add(Dense(10, activation='softmax'))
```

（5）定义优化器、损失函数和度量函数，对构建的模型进行编译。

```
#定义 adam 优化器
optimizer = tf.keras.optimizers.Adam(learning_rate=0.00001)
model.compile(optimizer=optimizer , #采用 adam 优化器
                loss='sparse_categorical_crossentropy', #采用系数分类
                metrics=['accuracy']) #定义模型效果的度量方式
```

（6）基于训练集，对手写字符分类模型进行训练。

```
model.fit(train_images, train_labels, batch_size=64, epochs=10,shuffle=True)
```

（7）基于训练好的模型，对测试集进行测试。

```
test_loss, test_acc = model.evaluate(test_images, test_labels)
print("测试集的准确率为：", test_acc)
```

本例可以同时使用两个 GPU 训练神经网络，从而观察同步更新模式下，随着 GPU 个数的增加，训练速度的变化。观察发现，训练速度随 GPU 个数的增加而增加。

11.5　实验：基于 GPU 的矩阵乘法

11.5.1　安装 GPU 版本的 TensorFlow

1. 实验目的

了解 GPU 版本的 TensorFlow 的安装过程，学会搭建 GPU 运行环境。

2. 实验内容

（1）准备内容：下载 64 位的 Python3.7 版本；下载 GPU 版本的 TensorFlow2.8；下载 CUDA11.6；下载 NVIDIA cuDNN 库。

（2）安装过程：依次安装 64 位的 Python3.7 版本；安装 CUDA11.6；安装 GPU 版本的 TensorFlow2.8 和 cuDNN 库。

11.5.2 一个 GPU 程序

1．实验目的

了解 GPU 版本的 TensorFlow 的使用方法，验证 GPU 运行环境正常。

2．实验内容

（1）使用命令查看本机 GPU 信息。

（2）编写 GPU 环境下 TensorFlow 的程序，显示"Hello，world"。

（3）参考代码如下：

```
import tensorflow as tf
hello = tf.constant('Hello, world')
s = tf.compat.v1.Session()
```

11.5.3 使用 GPU 完成矩阵乘法

1．实验目的

熟悉 TensorFlow 的多 GPU 程序设计过程和主要代码。

2．实验内容

（1）编写 TensorFlow 程序，调用多 GPU 实现矩阵乘法。

（2）设置会话中 ConfigProto 相关参数，如 log_device_placement 等。

（3）参考代码如下：

```
# Creates a graph.
tf.compat.v1.disable_eager_execution()
c = []
for d in ['/device:GPU:2', '/device:GPU:3']:
    with tf.device(d):
        a = tf.constant([1.0, 2.0, 3.0, 4.0, 5.0, 6.0], shape=[2, 3])
        b = tf.constant([1.0, 2.0, 3.0, 4.0, 5.0, 6.0], shape=[3, 2])
        c.append(tf.matmul(a, b))
with tf.device('/cpu:0'):
    sum = tf.add_n(c)
# Creates a session with log_device_placement set to True.
sess = tf.comapt.v1.Session(config=tf.compat.v1.ConfigProto(log_device_placement=True))
# Runs the op.
print(sess.run(sum))
```

习题

11.1　什么是 GPU？

11.2　目前，GPU 通用计算方面的标准有哪些？

11.3　NVIDIA cuDNN 库的作用是什么？

11.4　在 TensorFlow 中，如何选择特定设备运行程序？

11.5　在 TensorFlow 程序中，可以通过设置什么参数来支持自动动态按需分配 GPU 的显存？

反侵权盗版声明

电子工业出版社依法对本作品享有专有出版权。任何未经权利人书面许可，复制、销售或通过信息网络传播本作品的行为；歪曲、篡改、剽窃本作品的行为，均违反《中华人民共和国著作权法》，其行为人应承担相应的民事责任和行政责任，构成犯罪的，将被依法追究刑事责任。

为了维护市场秩序，保护权利人的合法权益，我社将依法查处和打击侵权盗版的单位和个人。欢迎社会各界人士积极举报侵权盗版行为，本社将奖励举报有功人员，并保证举报人的信息不被泄露。

举报电话：（010）88254396；（010）88258888

传　　真：（010）88254397

E-mail：　　dbqq@phei.com.cn

通信地址：北京市万寿路 173 信箱

　　　　　电子工业出版社总编办公室

邮　　编：100036